U0379184

本 书 获 奖 情 况

获"2022年度中华优秀科普图书榜"年度榜单提名

获"蓉遇科普·2023"年度科普图书称号

入选第31届全国图书交易博览会少儿阅读节"百种优秀童书"（中学组）

入选"2023年陕西省优秀科普作品·出版物"

稻米，比珍珠更珍贵

——一粒种子生命的重启与成长

匡 松 \ 著

西安电子科技大学出版社

内 容 简 介

中国是世界上水稻种植历史最悠久的国家，是栽培稻、稻作农业和稻作文化的发源地，是稻米飘香的源头。

中国先民开创的稻作农业彪炳史册，树立了中华稻作文化自信。

本书共分7部分：追根溯源、立春前后、春耕春播、初夏插秧、稻花飘香、丰收在望、颗粒归仓。作者以中国农历二十四节气为时间刻度，细致观察并记录了一粒种子脱胎换骨的变化，陪伴一株水稻度过了她圆满而精彩的一生，经历了她的一个生命轮回。同时介绍了以袁隆平院士为代表的科学家所创造的中国杂交水稻科技科研成果和中国杂交水稻对国人乃至人类做出的巨大贡献。本书把水稻知识融入自然感悟中，富有诗意和人文温度。

图书在版编目（CIP）数据

稻米，比珍珠更珍贵：一粒种子生命的重启与成长 / 匡松著. —西安：西安电子科技大学出版社，2022.9（2023.10重印）
ISBN 978-7-5606-6608-2

Ⅰ.①稻… Ⅱ.①匡… Ⅲ.①水稻栽培—中国—普及读物 Ⅳ.①S511-49

中国版本图书馆CIP数据核字(2022)第140569号

策　　划	李惠萍	
责任编辑	李惠萍	
出版发行	西安电子科技大学出版社（西安市太白南路2号）	
电　　话	（029）88202421　88201467	
邮　　编	710071	
网　　址	www.xduph.com	
电子邮箱	xdupfxb001@163.com	
经　　销	新华书店	
印刷单位	广东虎彩云印刷有限公司	
版　　次	2022年9月第1版　2023年10月第2次印刷	
开　　本	787毫米×960毫米　1/16　印 张　19.5	
字　　数	263千字	
印　　数	1001~2000册	
定　　价	72.00元	

ISBN 978-7-5606-6608-2
XDUP 6910001-2

人就像种子，要做一粒好种子。

————袁隆平

我以为中国江南的文化是米文化……这个米文化、饭文化的奥义是西方智者所不能参透的。即使在本国的中国，天天吃着米饭，也只知其饭而不知其所以饭。

　　我对于米，对于饭，始终胸怀感激，心怀崇敬。

—— 木心《饭米山》

自序：写给稻米的情书

2020年冬天的一个晚上，我低头吃饭，盯着白花花的米粒出神，陷入沉思，忽然明白了一个道理：日复一日、年复一年，正是这小小的稻米源源不断地提供给我营养、能量和拥抱生活的智慧，滋养着我这平凡的身躯，强壮着我的骨骼，支撑着我度过时阴时晴、时风时雨的每一个日子。然而之前，自己却一直浑然不觉，习以为常，每天像完成任务似的，把米饭匆匆塞进口中，狼吞虎咽地送进胃里，从未用心感受和领悟稻米非凡的价值、蕴涵的深意和直指人心的力量，也从未思考过稻米从何而来。于是我起心动念，决心认真学习和了解稻米的前世今生，想要知晓稻米飘香的源头在哪里，更要去稻田观察稻米究竟是如何生长出来的。

四川是中国西南地区的粮食主产区，也是国家级三大水稻制种基地之一。立春前，我驱车前往年轻摄影师夏天的家乡，四川省资阳市雁江区的一个叫郑家沟的地方，即红光村所在地，选定郑邦富大爷耕种的四亩八分水田，作为观察水稻从播种到收割到颗粒归仓这一完整过程的劳作现场。郑家沟一带的地貌形态以丘陵为主，属亚热带季风气候，土壤多为棕紫色泥土。这里属于丘陵稻区。从成都的家里出发到郑家沟约120公里车程。

来源于信念，彰显于行动。

为了观察水稻奇妙的一生，我数十次前往稻田学习和探索。水稻的生长遵循四时节气的脉动。时令自有规律。我以节气为向导，跟着自然变化的节奏，走进稻田的四季光阴，走向在田间埋头躬耕的庄稼人，细致观察种子的变化和水稻的生长，耽迷于稻田里的光影变幻，探幽析微水稻的生长与四时节气与时间的秘密，倾听大地滴水穿石的声音。切身保持与自然风物的亲近和融洽，接受大自然亲切的触摸，用心关注和体会人与自然的关系，珍惜汲取心灵力量的每时每刻。

从2021年3月31日播种，5月15日插秧，到9月6日收割，整整160个日子。在播种前购买的隆平高科籼型两系杂交水稻种子的包装袋上明确写着，长江上游作中稻种植，全生育期为158.5天。若是天公作美，在郑邦富大爷原本选定的9月5日上午收割，正好经历了158.5天，时间竟然如此精确，分毫不差。这令我惊叹不已！这难道纯属巧合，还是郑邦富大爷凭着数十年耕作智慧的神机妙算？或者这就是天意？然而9月5日下雨，延宕了一天，才开机收割。收割的日子是播种后第160天，插秧后第115天。

从田畴待垦，到翻土和制作秧田，到备种、晒种、浸种、播种、发芽、秧苗分蘖；从秧苗移栽到大田，到稻株分蘖、拔节、孕穗、抽穗、扬花、灌浆，到乳熟、蜡熟和完熟，碧绿的禾苗变成了金黄的稻浪，直至收割后翻晒到颗粒归仓。我在现场见证了水稻的一生，以正确的方式理解春种、夏长、秋收、冬藏的色彩、内涵和意义，获得了沉浸度如此之高的一次生命体验。来自大地的回声如此迷人。稻田里那个沉静、动人又浩荡，充满诗意的声音在耳边萦绕。这个过程既是我面对水稻的沉思，亦是表达对水稻的珍爱、感恩和致敬。

通过坚持不懈地到现场观察水稻的种植和生长，我一次又一次走进田野，近距离观察和感知水稻的生长，理解土地的意义和农民劳动的价值，体悟劳作的汗水与辛苦，领会粮食的得之不易和劳作永恒的意义，幡然醒悟并懂得了每一粒稻米都是如此珍贵。对水稻的观察与探索之旅，对稻米的重新认识，升华了我的人生。这是我深入理解稻米的开始，而不是结束。

我有幸与一粒稻谷种子相遇，亲眼见证了一粒种子脱胎换骨的变化，陪伴一株名叫阿香的水稻度过了她圆满而精彩的一生，经历了她的一个生命轮回。一个又一个日子，我在阿香身边呼吸吐纳，彼此低声耳语，以清澈的心灵分享阿香的梦想与骄傲、忧愁与欢乐，分享彼此最隐秘、最深沉的情感，度过了一段难以忘怀的美好时光。和阿香相处的每一个日子的点点滴滴都记录在这本书中了。因为懂得，所以热爱，我发自内心地为阿香和水稻书写了这一封感情真挚的情书，最诚恳地为稻米吟唱一曲温柔的乡土情歌。

我对许多水稻科学家和考古学家们感激不尽。我之所以能够撰写出这本书，仰赖并受惠于以下科学著作的心血成果：袁隆平主编，刘佳音、米铁柱、李继明、杨耀松、罗闰良、彭既明副主编的史诗般的巨著《中国杂交水稻发展简史》；顾铭洪、程祝宽等著的《水稻起源、分化与细胞遗传》；曹志洪编著的《中国灌溉稻田起源与演变及相关古今水稻土的质量》；程式华、李建主编的《现代中国水稻》；车艳芳编著的《现代水稻高产优质栽培技术》。为了了解袁隆平伟大的一生，我重点阅读了国家杂交水稻工程技术研究中心、隆平水稻博物馆编著的《把功勋写在大地——袁隆平画传》，袁隆平口述、辛业芸访问整理的《袁隆平口述自传》和姚昆仑著的《梦圆大地：袁隆平传》；反复观看了《国家记忆：杂交水稻之父袁隆平——寻稻之路》、湖南广播电视台出品的四集大型人物纪录片《杂交水稻之父袁隆平》和史凤和执导的电影《袁隆平》。我对这些成就卓越的科学家和杰出的科学著作以及电视、电影及其创作者表示衷心感谢，致以崇高敬礼！

2021年5月28日，我飞往湖南长沙，参观了隆平水稻博物馆，一遍又一遍地学习和了解中华民族悠久深厚的稻作文化和以袁隆平院士为代表所创造的中国杂交水稻科技科研成果。在博物馆一楼大厅，我向袁隆平雕像鞠躬敬礼和献花。在此深切感谢隆平水稻博物馆。

我怀着无比崇敬的心情，万分感激以下考古遗址与博物馆发掘和珍藏的所有无与伦比的古老瑰宝和提供的极其珍贵的历史信息：湖南玉蟾岩遗址、彭头山遗址、八十垱遗址、杉龙岗遗址；江西仙人洞遗址、吊桶环遗址；浙江上山遗址、跨湖桥遗址、河姆渡遗址博物馆、田螺山遗址、马家浜遗址、罗家角遗址、良渚古城遗址、良渚博物院、浙江省博物馆；广东牛栏洞遗址；河南贾湖遗址，等等。我为这些考古遗址和博物馆事实确凿无疑地展现出的悠久而灿烂的中华文化感到无比自豪和骄傲。还要最诚挚地感谢精彩纷呈的杰出纪录片《稻米之路》和《影响世界的中国植物》，让我生动地学习和了解到稻米这种古老食物所走过的神奇之旅，如何塑造了中华文明，又如何影响了世界文明的演进历程。

我十分感激夏天的爸爸郑邦清和妈妈雷福容盛情的款待和非常暖心的关照。热忱感谢郑莉慷慨的帮助。衷心感谢郑邦富大爷和涂大娘热情、宽厚并尽力地为我观察水稻的生长提供各种条件。衷心感谢蒋长兵、郑伯菊夫妇。感谢郑邦友师傅和谢幺娘。感谢郑邦长、张英夫妇。感谢郑邦超、周秀群夫妇。感谢郑家沟所有的乡亲们。最真挚地祝福你们身体健康，生活愉快，家庭幸福。虔诚祝愿郑家沟年年风调雨顺，五谷丰登，家畜家禽兴旺又肥壮。

热忱感谢摄影师夏天把我带到了她的家乡红光村，即郑家沟。这里有我观察水稻生长所需要的理想自然环境和天地灵气。夏天用柔软的心灵和湿润的目光重新面对家乡的土地，通过清澈晶莹的瞳孔，用温柔洁净的纤纤手指，无数次按下相机快门，通过镜头敏锐地捕捉并记录了节气更替、种子萌发和水稻生长过程中的一个个精彩瞬间。这些充满真挚情感和葆有温度的照片，诗意地呈现出故乡土地的温柔、明亮和富饶，体现了夏天对养育自己的这一方水土最深情、最隽永的吟唱、报答和感恩。没有夏天坚定而持久的支持和坚持不懈地到现场拍照，我是写不出这本书的。

热忱感谢陶瓷艺术家詹小英精心创作了25幅插画。一幅幅生动有趣的精彩作品，使得书页里恒久地回响着昆虫和小动物们不朽的鸣叫。它们发出的天籁之声是如此动人。这些值得我们珍惜的美好生灵，不仅是陪伴了阿香一生的朋友，亦是我们的朋友。每一种昆虫和动物都是独一无二的，都值得在这大千世界中占有一席之地。所有生灵都有权利分享大地丰厚的馈赠。珍贵的粮食由我们共同拥有。在此真诚祝贺詹小英因"带着陶艺思维，游走在田园之间"的理由，荣耀入选《南方人物周刊》特别策划推出的2021年"100张中国脸"。这100位魅力人物都是时代贡献者的杰出代表，他们用自己的故事给出了共同的答案——"踏实走好当下的每一步，就是对正确的路最真实的信念"。

我非常幸运地结识了这么好的合作伙伴，使我在非常愉快的状态下写作。两位心灵美好的合作者一次又一次坚定地和我一同奔向稻田、奔向阿香，以持久的热情、感人的付出和充满诚意的作品成就了这本书。还要特别感谢赵宁博士充满智慧的辛勤付出。此次合作是一次十分愉快而难忘的珍贵经历。

为稻米写一本书，这是一个多么正确而美好的决定啊！这是我的福气。我为此感到荣幸。尽管能力有限，但是我总是怀着最大的诚意，格外郑重地书写，谦恭而真挚地表达炽热的感情，在键盘上敲击出的每一个字和每一个句子，都令我感到内心温暖，充满感恩。于我而言，这是一本让我感到愉悦和幸福的书。

一如既往地衷心感谢郑家沟的每一个人和每一个生灵伴我度过了这一年不同寻常的四季。每一个生命都有非凡独特的魅力，都是这片土地上演绎的动人乐章中的一个个美丽的音符。

我喜欢红光村。这片土地毫不逊色，无与伦比。红光村赐予的一切，使我受益匪浅，醍醐灌顶。我从此与红光村建立起了珍贵的情感牵连。我会再去红光村，重返这个迷人的地方。

最后恳切地希望，本书能够唤起更多的人重返疏离已久的乡村，关注土地和稻田，关心粮食生产，在实施乡村振兴战略的大业中，立足国情农情，巩固拓展脱贫攻坚成果，推进农业农村现代化，共同建设美丽的乡土家园，重建人与土地的连接，重建与大地的精神联系，期待着有更多的人为稻米书写恢弘、铿锵的颂词和动人心扉的赞歌。

匡　松

2022年5月于成都

目录

㊂ 春耕春播

㊃ 初夏插秧

㊄ 稻花飘香

㉑ 丰收在望

颗 粒 归 仓

追根溯源

中国史前先民在距今13 000年前就开始利用水稻了。中国是世界上水稻种植历史最悠久的国家，是栽培稻、稻作农业和稻作文化的发源地，是稻米飘香的源头。中国先民开创的稻作农业彪炳史册，树立了中华稻作文化的自信，在中华民族的骨子里种下了非凡的创新基因，影响着中国人的文化性格。稻作文化是中华文明不可或缺的组成部分，是中华民族永远的辉煌。

乃粒第一。

贵五谷而贱金玉。

——[明] 宋应星《天工开物》

其土地平原，有稻田。

——[南朝宋] 范晔《后汉书·西南夷传·邛都》

稻米，生命之源

一粒小小的稻米，中国人称之为大米，奉若珍宝，寄托着人们对生活的美好向往。

稻米，颗粒饱满，色泽纯净，晶莹温润，味甘性平，为生命之源，凝聚着人类智慧。稻米，赐予我们能量和营养，滋养着我们的血肉之躯，支撑着我们度过生命中的每一天。

全球有60%以上的人口以稻米为主食。水稻是我国最主要的粮食作物，其产量直接影响到亿万人的吃饭问题。人类食用部分为其颖果，即稻谷。稻谷外面被颖壳（稻壳）所包围。颖壳是果实（糙米）的保护外壳。稻谷经过脱壳和加工，变成稻米，俗称大米。将大米进行再加工和深加工，可制作出美食、饮料、调料（如味精、酱油等）等各种各样的扩展产品。

大米中含有碳水化合物、蛋白质、脂类、矿物质和维生素等营养成分。碳水化合物是稻米的主要成分，占稻米营养成分的75%左右，其中最多的是淀粉。蛋白质含量居稻米成分第二位，一般为5%～12%，是构成生命的重要物质基础。脂类包括脂肪和类脂，脂肪含量为3%左右。

我国是水稻的文明古国，民间流传许多大米的制品和小吃（比如青团、蒿子粑、米果等），可分为饭、粥、粉、糕、羹、饼、团、粽、球等类型。从酒（米酒）、醋（米醋）、曲（红曲）等传统酿造产品，到米糠油、护肤品、抗癌保健品等，都是大米的转化产品。功能性稻米品种是新的研发方向，我国已经开发出保健型、辅助疗效型等功能性稻米，比如降血糖的功能性稻米、防治高血压的功能性稻米、减肥的功能性稻米等等。未来的稻米，除了填饱人们的肚子，还可以实现多样化的功能。从稻谷到食品的转变，神奇地谱写出人类舌尖上的丰美诗篇。

对水稻起源的思索

黄嘴白鹅，盈盈水田，
让人想起"水满塘，粮满仓。塘中无水仓无粮"的古老谚语。
水中倒影深邃，仿佛在深沉地思索——
水稻是如何起源的？水稻起源于何时何地？稻米飘香的源头在哪里？
凝视稻米，一眼越万年，召唤我们回首自己身上的创新基因来自于何时何地。

水稻起源于中国

在我国近几十年来的考古发掘中，不断发现了各类稻谷遗存，众多有力的证据表明，水稻起源于中国。在距今13 000年前，中国史前先民就已经开始利用水稻了。中国是世界上水稻种植历史最悠久的国家，是栽培稻、稻作农业和稻作文化的发源地，是稻米飘香的源头。

经过科学研究和论证确认，栽培稻是由野生稻经过人工驯化而来的。野生稻是现代栽培稻的最直接祖先，称为祖先种。全世界野生稻有20多种。在中国境内发现了普通野生稻、药用野生稻和疣粒野生稻。现今所种植的栽培稻来源于普通野生稻。普通野生稻是亚洲栽培稻（有籼稻和粳稻两个主要亚种）的野生祖先种。普通野生稻是我国分布最广的野生稻，在长江流域及长江以南地区都有生长。远在13 000年前，中国长江中下游地区的史前先民率先开展了将野生稻驯化为古栽培稻的伟大实践，拉开了农耕文明的壮丽序幕——

清风徐来，令人无限遐想。一万多年前，一个罕有的温暖的春日午后，一位睿智的中国先民灵光乍现，突发奇想，怀着异于常人的热忱，开始尝试改变原来只是简单地采集和食用野生稻的行为，着手对野生稻进行驯化和栽培试验，从此开启了从野生稻驯化为古栽培稻这一长达数千年的漫长进程。前无古人的大胆探索，开拓了一条崭新的生存之路，闪耀着开天辟地的璀璨光芒，照亮了万古长夜，泽被众生的稻作农业由此肇始，逐步实现由被动采集、居无定所的狩猎生活过渡到固守土地、主动种植的农耕时代的伟大转变，在中华大地上奏响了文明弦歌。中国先民开创的稻作农业彪炳史册，彰显出中华史前稻作起源在人类文明史中的独特地位，树立了中华稻作文化自信。中华稻作文化凝聚了中国先民的伟大智慧，在中华民族的骨子里种下了无比非凡的创新基因，影响着中国人的文化性格，奠定了中华文明的根基。

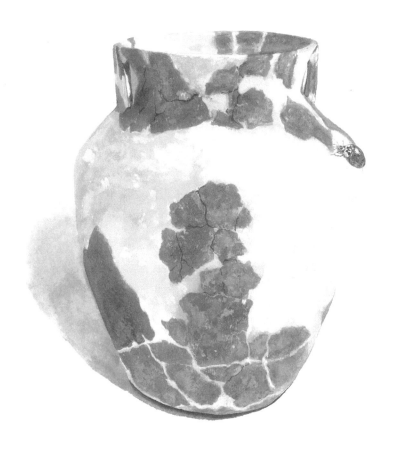

　　浙江省浦江县上山遗址出土的双耳陶罐（平底罐），距今约11 000年。这是一万年前的最早彩陶。上山遗址出土了大量夹炭红衣陶片，在这些残破陶片的表面和胎土中都发现了稻壳印痕。在一些红烧土残块内，夹杂有炭化稻壳和稻米残留物。这些古栽培稻遗存距今14 000—10 000年，是迄今已发现的世界上最早的稻作遗存。

‖稻花飘香，梦回万年

到目前为止，玉蟾岩遗址、仙人洞遗址、吊桶环遗址、上山遗址和牛栏洞遗址是我国发现水稻遗存已知最为久远的几处遗址。这些新石器时代早期遗址都距今10 000年以上。

湖南省道县玉蟾岩遗址是一个洞穴遗址，距今14 000～12 000年。在这个洞穴里，1993年11月发现了2粒炭化稻谷，1995年10月又发现了2粒炭化稻谷，2004年11月19日再次发现了5粒炭化稻谷。先后发现的这9粒最原始的炭化稻谷距今约12 000年，是目前世界上发现年代最早的炭化稻谷。这些炭化稻谷是兼有野生稻和人工干预、初具栽培稻特征的稻谷实物标本——为野生稻向栽培稻演化中的原始古栽培稻类型，刷新了人类最早栽培水稻的历史纪录。远在12 000年前，玉蟾岩先民已经有意识地采集和种植野生稻并作为食物资源是确凿无疑的，他们率先开创了原始栽培稻的农业种植。在沉寂万年之后，从玉蟾岩洞穴里飘散出来的隔世幽香，雄辩地表明这里是稻米飘香的源头，是中国稻作文明的发祥地。

在江西省万年县仙人洞遗址和吊桶环遗址，发现了12 000年前的野生稻类型的稻米植硅体和10 000年前的原始栽培稻植硅体。2012年，在仙人洞遗址发掘出土的陶片及原始陶器距今20 000～19 000年，是迄今中国发现最早的可以复原的陶器制品，是世界上年代最早的陶器标本。陶器的发明与农业的出现和人类的定居生活息息相关，促进人类生存和社会行为发生了重要转变。在仙人洞遗址，还发掘出用于收割稻谷的蚌刀和加工稻谷的砺石、石磨棒等人工制品，表明这里的先民开始朝着水稻规模化种植的方向发展。

2000年9月，浙江省浦江县上山遗址出土了大量夹炭红衣陶片，在这些残破陶片的表面和胎土中都发现了稻壳印痕。在一些红烧土残块内，夹杂有炭化稻壳和稻米残留物。这些古栽培稻遗存距今14 000～10 000年。在制作陶器的胎土中掺杂了稻壳和稻叶，这是上山人食用稻

　　浙江上山遗址出土的陶壶，距今约11 000年。在制作陶器的胎土中掺杂了稻壳和稻叶，这是上山人食用稻米和以稻壳作为陶土掺合料使用的确凿证据。

米并以稻壳作为陶土掺合材料使用的有力证据。上山遗址还出土了石磨盘、石磨棒、石锛、石斧等农具以及以大口盆、双耳罐、平底陶盘等为主要器形的原始陶器。上山人利用石片、石磨盘和石磨棒等工具来收割水稻和加工稻谷，已经掌握了将稻谷脱壳后再食用稻米的技术。这些迄今已发现的世界上最早的稻作农业遗存，表明上山遗址当时已经进入到原始稻作农业时期，是中国稻作农业的最早起源地之一。

1983年，在广东省英德市发现了牛栏洞遗址。在洞中的堆积层，发现了水稻植硅体，距今12 000～8000年，是迄今岭南地区所见年代最早的水稻遗存。牛栏洞出土的非籼非粳水稻植硅体是稻作文明的实证，表明早在一万年前，广东就有水稻了。牛栏洞遗址同样是人类稻耕文明的原始地，穴居遗址的古人已具有最初级的水稻栽培原始农业萌芽。

在上述遗址发现的稻谷遗存都指向一个事实，起源于中国长江流域的水稻，历经了上万年的人工驯化、选择和改良。从野生稻驯化为栽培稻的过程，不是一个一蹴而就的变化，进化过程非常漫长。众多考古发掘证据足以证明，距今一万多年前，中国先民最早将稻米作为食物，与稻谷的关系已经非常密切，对稻谷的认知超越了单纯的食物范畴，成为关乎生存、财富乃至情感的重要元素。今天我们看到的这种颗粒饱满的稻谷，是中国先民不断驯化和改良野生稻的结果。中国先民筚路蓝缕，栉风沐雨，胼手胝足，始终保持旺盛的探索姿态，使稻作农业不断发展，继往开来，创造了令人叹为观止的稻作文明。这是中华民族永远的辉煌。

‖中华稻作农业的古老史诗

在湖南省澧县彭头山遗址，发现了大量稻谷、稻壳和稻茎遗存，距今9000～8300年。

在湖南省澧县八十垱遗址，出土了9800余粒炭化稻谷，距今8500～7500年。

在湖南省临澧县杉龙岗遗址，发现了6粒炭化稻谷，距今9000～8000年。

在河南省舞阳县贾湖遗址，发现了数量可观的炭化稻米，距今9000～7500年。贾湖遗址发掘出的炭化稻米为人工栽培稻，是黄河流域迄今为止发现最早的稻谷遗存。

在浙江省萧山城区西南约4公里的跨湖桥遗址，出土了1000多粒水稻植硅体和炭化稻谷（含稻壳和米），其栽培稻和野生稻的比例是40%与60%，距今8000～7000年。

…………

这些距今8000年前后的遗址，如椽大笔般继续书写出中华稻作文化的伟大史诗。深邃神奇的如歌诗行，记录了中华民族对稻作文化的不懈开拓、垦殖和发展的光辉篇章。

迄今在中国南方超过130多处新石器晚期遗址中，都发现了大量野生稻、古栽培稻植硅体及炭化稻谷（米），还有稻壳等稻作遗存。

稻谷，讲述着中国先民最早驯化水稻这一伟大奇迹的非凡故事和中华民族农耕文明波澜壮阔地向前演进的真实历史。中国多姿多彩的稻作文化，是中华文明不可或缺的组成部分和源泉。水稻的发现和种植，有力促进了整个人类社会的进步。

　　浙江省萧山跨湖桥遗址出土的陶釜，距今约7000年。这里出土了1000多粒水稻植硅体和炭化稻谷（含稻壳和米）。

▎河姆渡遗址的稻作文化

　　20世纪70年代，在浙江省余姚市河姆渡镇河姆渡村发现了河姆渡遗址——距今8000～7000年前的早期新石器时代遗址，出土了大量稻谷、稻壳、稻秆、稻叶等稻作遗存。这里的稻谷保存之完好、数量之多（上百吨稻谷）是迄今国内外考古之最。出土时，这些稻谷和稻叶仍是金黄色泽，颖壳上的纤毛和稻叶上的叶脉等都清晰可见。这些直接的例证表明，在7000年前左右，河姆渡人掌握了水稻栽培技术，已经大面积栽培水稻，发明了与稻作生产和稻谷加工有关的农具和器具，比如翻土用的骨耜，收割稻穗用的骨镰，脱壳用的石磨盘，舂米用的木杵，烧煮米饭用的陶釜。河姆渡人在日常生活中将脱壳后的稻米作为主食，建立起了典型的农耕社会。河姆渡遗址是迄今发现的世界上最早、规模最大的灌溉水稻种植地。

　　2001年年底，在余姚三七市镇相岙村发现了田螺山遗址——属于河姆渡文化，距今7000～5500年，出土了大量稻谷、谷壳、炭化米粒以及稻谷的基盘和小穗梗等遗存。稻谷（有粳稻类型）保存完好。和河姆渡先民一样，田螺山人把收获的大量稻谷储存在仓库里。

　　早在7000年前，河姆渡人创造了潮汐灌溉的稻作农业。河姆渡地处的广阔平原已成为重要的稻米产区。稻米无疑已经成为当时河姆渡地区充裕物质文明的保障之一。物质文明的繁荣带来了艺术的兴起。在河姆渡遗址，还出土了164件用鸟禽类肢骨加工制成的管状带孔骨器——骨哨和骨笛。这些出自7000年前的骨笛，被认为是我国最古老的乐器，是现代六孔竹笛的雏形和所有管乐器的鼻祖。今天它们被庄严地摆放在河姆渡遗址博物馆里。这些非凡不朽的骨笛，曾经发出过无比动人的声音。

　　1973年在河姆渡遗址出土的刻画有猪纹的黑陶方钵（浙江省博物馆藏），距今约7000～5500年（新石器时代）。陶钵由夹炭黑陶制成，高11.7厘米，口径17.5～21.7厘米，为圆角长方形，较长的两个侧面分别线刻着一只猪纹。猪尖嘴前伸，双目圆睁，背部鬃毛刚直如针，腹微鼓，作行走状。猪的腹部运用了阴刻重圈和草叶纹等纹样。这里出土了大量稻谷、稻壳、稻秆、稻叶等稻作遗存。

‖马家浜遗址的稻作文化

马家浜文化遗址包括马家浜遗址和罗家角遗址，发掘于浙江省嘉兴市南湖乡天带桥村马家浜和桐乡罗家角，距今7000～5800年。在马家浜遗址和罗家角遗址中，都发现了炭化栽培稻谷、炭化米和稻草等稻作遗存，还发现了穿孔石斧、骨耜、砺石、木铲、陶杵等农用工具。这些都是马家浜先民从事原始稻作农业的直接实物例证。在马家浜文化时期的遗址中，发现了多处灌溉系统和灌溉稻田。在罗家角遗址附近，仍然保留有迄今世界上使用最久的灌溉稻田——箱子田，闪耀着7000多年前稻作文明的光辉。

在大地上引水开田，蓄水种稻，使种植水稻有了专属的地盘，有力推动了水稻的区隔生产和大面积种植，便于人们更好地试验、观察、改良、培育和利用水稻，对于促进水稻更为成熟的驯化具有非凡的意义，同时进一步实现了从采摘、游猎生活向农业种植的伟大转变，缔造了中国农耕文明的走向。自从有了稻田，水稻便能随着人们一起迁徙，翻山越岭，征服沼泽和高山。在中华大地上，水稻种植面积不断扩大，出现了水稻蓬勃生长、蔚为壮观的兴盛局面，越来越多的地方成为富庶之地，表明稻作生产取得了巨大胜利。

稻田，这一伟大发明，重新塑造了山川地貌，改变了中华神州广袤大地的容颜。镶嵌在丰饶肥沃的大地上的无数稻田，是中国农民用勤劳和智慧雕刻出的大地杰作，是伟大的地表塑造艺术，描摹出农耕文明创造的壮丽景观，一派精美绝伦的天地风光。无数耕作井然的阡陌良田，成为描绘和记录中国源远流长的稻作农业的最美画卷和光辉史书。拥有稻田的故乡，才是我们心中永恒的美丽风景。故乡那一碗雪白的米饭最令人心驰神往。

　　马家浜文化遗址出土的夹砂陶罐——夹砂红陶单把罐，距今约7000～5800年。这里出土了炭化栽培稻谷、炭化米和稻草等稻作遗存，发现了多处灌溉系统和灌溉稻田。马家浜先民用陶罐从水沟或水井里舀水灌溉稻田。

‖良渚遗址的稻作文化

　　距今约8000～3000年的长江中下游，稻作文化已从驯化野生稻、种植古栽培稻发展为人工灌溉的稻作农业，出现了灌溉稻田和灌溉系统的农耕技术。在浙江省余杭县良渚镇发掘的良渚古城遗址，是长江下游地区首次发现的新石器时代城址。在这里发现了大量稻谷遗存以及农田遗迹。以良渚遗址为代表的史前遗存被命名为良渚文化。

　　良渚文化的年代为距今5300～4300年，属于新石器时代晚期文化。在良渚文化时期，稻米成为良渚人稳定的主要食物来源之一。良渚人想方设法获得更多的稻谷，出现了石犁、木耜、石镰、石刀、石斧、石锄、石锛等系列农具。石犁的使用，提高了土地的翻耕速度，扩大了水稻种植的规模，稻作农业开始进入成熟发展阶段。以犁耕为特征的农具，奠定了中国农业史上犁具的基本模式。良渚古城外围存在着功能复杂的庞大水利系统。这是迄今所知中国最早的大型水利工程，也是世界上最早的水坝系统，距今已有5100～4700年。该水利系统兼有防洪、运输、用水、灌溉等功能，与良渚文化遗址群的经济和社会发展有关。

　　良渚古城遗址出土的器物包括玉器、陶器、石器、漆器、竹木器、骨角器等，蔚为大观的玉制成品包括玉琮、玉璧、玉钺、锥形器、玉璜、玉镯以及圆雕的鸟、龟、鱼、蝉等动物形玉器。在其中最大的一件玉琮上雕刻有神人兽面纹图案，体现了环太湖地区早期稻作文明阶段的信仰特征，标志着当时社会有着高度一致的精神信仰。良渚古城遗址真实、完整地保存至今，可实证距今5000年前中国长江流域史前社会稻作农业发展取得的高度成就，为中国5000年文明史提供了独特的见证。2019年7月6日，良渚古城遗址被列入世界遗产名录。

　　浙江省余杭良渚遗址出土的刻符黑陶罐（良渚博物院藏），距今约5300～4300年。该夹砂黑皮陶罐出土于河沙中，器物表面多呈锈红色，低口，平唇，口沿微侈，短颈，广肩，鼓腹，往下微收，圆底，圈足外撇。烧制成后，在其肩部及上腹部刻有亦图亦文的12个符号，被称为"前所未见的珍品"。在良渚遗址发现了大量稻谷遗存以及农田遗迹。在良渚文化时期，稻米成为良渚人的主要食物之一。

诗经里的稻田与稻谷

《诗经》是中国历史上最早的一部诗歌总集，收录了从西周初期（公元前11世纪）到春秋中叶（公元前6世纪）约500年间的诗歌305篇。在传诵至今的这些不朽诗歌里，记录了那个古老时代的动人故事。

《诗经·小雅·白华》："滮池北流，浸彼稻田。"
——在咸阳之南，滮池之水向北流淌，河水灌溉着岸边的稻田，绿油油的水稻苗壮生长。表明在《诗经》时代，黄河流域早就出现了栽培稻。这是有关稻田引水灌溉的最早记载。

《诗经·周颂·丰年》："丰年多黍多稌，亦有高廪，万亿及秭。为酒为醴，烝畀祖妣。以洽百礼，降福孔皆。"
——黍，即黍子，碾成米叫黄米，又叫稷米。稌，就是稻子。这是周王于秋收后祭祀祖先用的乐歌。丰收之年，黍子和稻谷堆积在无数的高大粮仓里，仓廪殷实，丰衣足食。用稻黍酿造成清酒和甜酒，供奉祖先，献给神灵，报答保佑之恩，祈求来年丰收，普降福禄。

《诗经·豳风·七月》："八月剥枣，十月获稻。为此春酒，以介眉寿。"
——八月从树上打落枣子，十月收割田里的稻谷。在冬天酿造好春酒，给老人祝寿。

《诗经·小雅·甫田》："黍稷稻粱，农夫之庆。"
——黍（黄米）、稷（粟）、稻（稻谷）、粱（小米）都丰收了，农夫们相互庆贺。

　　以犁耕为代表的农具，奠定了中国农业史上犁具的基本模式。一头牛，一张犁，人与牛密切合作，犁田翻土。在烟雨朦胧中，农民头戴斗笠，身披蓑衣，左手持鞭和牵着牛鼻绳，右手扶着犁梢，紧跟在水牛屁股后面，掌控着犁铲掘进泥土的深浅和水牛向前的速度。

贰

立春前后

　　春风吹拂大地，万物生长，花开迅疾。大地与节气运行的节奏保持着
同频脉动，水稻的生长遵循四时节气。二十四节气是向导，引领我们走进
稻田的四季光阴，走近在田间躬耕劳作的庄稼人，亲眼见证一粒稻谷种子
脱胎换骨的变化，探索一株水稻的生长与时间的秘密，学习庄稼人遵从物
候流转、精准掌握节气的智慧和匠心，谛听滴水穿石的声音。

好雨知时节，当春乃发生。

随风潜入夜，润物细无声。

——[唐] 杜甫《春夜喜雨》

漠漠水田飞白鹭，阴阴夏木啭黄鹂。

——[唐] 王维《积雨辋川庄作》

与稻田的约定

1月18日，农历腊月初六。晴。气温0℃～10℃。日出时刻08：00，日落时刻18：27。

我们一早出发，开车前往资阳。在成（都）资（阳）渝（重庆）高速公路上突遇罕见大雾，能见度极差。我把握住方向盘，身体前倾，全神贯注地盯着车头前面，慎之又慎，双闪慢速行驶。9时许下高速，驶进中和镇，与在路边等候的年轻摄影师夏天会合。之后约9公里的乡村公路，行车半小时，车至戴家庙水库。

戴家庙水库所在地，隶属资阳市雁江区，由中和镇管辖。资阳，四川省地级市，位于东经104°21'～105°27'，北纬29°15'～30°17'，属亚热带季风气候，年平均气温17℃，年平均降雨1100毫米，年平均无霜期长达300天。全年云雾多，日照少，空气湿度大。地貌形态以丘陵为主，一般海拔在300～550米之间。土壤多为棕紫色泥土。

夏天的父母在戴家庙水库岸边临水而居，树木半掩，单家独户，离群索居，开门便见湖水和青山。碧幽幽的湖水随风缓缓涌动，周围山丘起伏，与外面的世界保持着距离。田园诗般的自然景致，配得上世外桃源的美名。我与这个安详宁静的人间天堂一见钟情。舍近求远跑到这里来观察水稻的生长实属缘分所赐。未卜先知，我预感到，在这里，将超乎想象地成就我的一次史诗般的经历，神奇地让我获得想要获得的一切。笑靥如花的夏天一语定乾坤，我没有错失如此良机。

夏天的母亲雷福容，热情好客，在厨房里忙碌着，为我们张罗丰盛的午餐。夏天的父亲郑邦清，我尊称郑老师。郑老师在湖边办了一个生猪养殖场。郑老师乐观豁达，深谙生活智慧，上午饲养猪儿，下午骑摩托到镇上会友喝茶，致富和休闲两不误。

我们穿过一条乡野小道走进郑家沟。小道的尽头是一片狭长地带，洼地都是水田。红光村五组和六组的农家住户散落在洼地两侧的缓坡上，多为郑姓人家，大多沾亲带故。所有人彼此相识，知根知底，人际关系一清二楚。村子看似滞于现代进程之外，三两声鸡叫和犬吠在腊月寒冷的空气中寂寂回响。村里的年轻人不愿意像老实厚道的父辈那样一年四季面朝黄土背朝天，不甘于在故土蹉跎一生，怀着对外面世界的向往，离开父辈的土地外出打工，远走他乡，通过自己的打拼，力图改变命运，勇敢地为自己的人生赋予新的可能性。留守村里的老人都谙熟农事，顺服时光与季节，对土地的情感根深蒂固，日复一日、年复一年地躬耕劳作，缓慢过着柴米油盐、琐碎日常的烟火生活，自得其乐。传统习俗的脉脉温情让人感受到日常生活的朴素与润泽，乡土乡情的纯善与暖意。一切稳妥又安宁。

万物庄严，沉默无言，如这大地本身。

夏天出生在红光村五组（简称红光村）。故乡家园的草木气息深入她的骨髓，沉淀到生命的深处，与最鲜活的乡土记忆连接。无论老人还是中年妇女，穿着朴素，面容友善，说着本地的土话俚语。夏天主动与遇见的每一位乡亲打招呼，态度诚恳，语气亲热，声音甜美。夏天面若桃花，睫毛闪亮，阳光般的微笑照亮了每一张熟悉或者陌生的面孔。对于我们这些初来乍到的城里人，乡亲们以尊敬的语气，善意地询问几句，然后饶有兴致地专注聆听，目光含笑，频频点头。

从喧闹的城市来到乡间，把那些雄心勃勃的计划抛在脑后，每一次呼吸都含有泥土和草木的气息。田园梦变得触手可及。寒风中，水田沉寂，偶尔露面的太阳滑过凛冽的水面，鸟儿匆匆投下一闪而逝的黑色身影。接近中午，云层间露出了朦胧的太阳，虚弱的阳光照耀着冬天的水田。水中倒映着多云的天空，如同水底神秘莫测的深渊，令人眩晕。凝滞而潮湿的空气中交织着温暖与凛冽。一群鸭子在枯黄的稻茬之间专注觅食，长扁嘴斜插入泥水里，以惊人的频率快速张合，啄食吞咽，嘴角泥水四溅，啪啪有声。它们善于忙中偷闲，不厌其烦地梳理羽毛。要么拍翅嘎嘎鸣叫，你呼我应。种种迹象表明，春天已经在路上。

在竹林掩映的斜坡下，我们选定郑邦富大爷家的水田，作为观察水稻从播种、育秧、插秧到收割直至颗粒归仓这个完整过程的现场。一块稻田一汪水。我伫立田埂，凝视着水田里残留的枯黄稻茬，一幅秋收景象倏然闪现眼前。在起伏波动的金色稻浪中，农民弯腰弓背，挥镰割稻，顺手扎成稻捆。精壮劳力的打稻人甩开膀子，挥舞稻捆举过头顶，用力摔打在拌桶打床上，谷粒飞溅，撞击竹篾围席和板壁，噼噼啪啪地响，纷纷落进拌桶里。稻穗反复摔打在打床上，发出节奏有力的嘭嘭声，此起彼伏，在稻田上空经久回荡。飞来成群的麻雀，叽叽喳喳，争相啄食谷粒，大快朵颐。黄昏里的村庄，炊烟袅袅升起，空气中弥漫新米煮熟的诱人香味……我从遐想中回到现实，耳边响着鸭子啄食的声音。徜徉在冬日稻田里的这些鸭子，已然知晓我们与这片稻田的约定。今天，我们对稻米诗意的探索之旅拉开了序幕。

时令自有规律，世间万物皆有其节序。生命的运行符合自然之道，水稻的生长遵循四时节气的脉动。二十四节气是向导，引领我们走进沃野良田的四季光阴，无限接近在田间躬耕劳作的庄稼人。风雨阴晴，鸟唱虫吟，花开花谢，日升月落，世事演进，在天地自然的起承转合中，跟着自然变化的节奏，亲眼见证一粒种子脱胎换骨的变化，探索水稻的生长与时间之间的秘密，学习庄稼人遵从物候流转、精准掌握节气时令的智慧和匠心，领会心口相传的古老训言，谛听滴水穿石的声音。切身保持与自然风物的亲近和融洽，欣然接受大自然亲切的触摸，用心体悟和发现人与自然的关系，珍惜汲取心灵力量的每时每刻。

立 春

2月3日，农历腊月廿二。多云转阴。气温8℃～13℃。东北风4～5级。日出时刻07：53，日落时刻18：41。今日立春节气，开始时刻22：58：39。

早春的风，一遍又一遍地唤醒沉睡了一冬的土地。

下午三点过，太阳又被乌云遮挡。乌云似乎掌控着郑家沟的天地之光。天色阴沉晦暗，稍远处薄雾弥漫。矗立田埂上的圆锥形稻草垛，沉默地积攒着泥土和光阴的气息。枯黄的草丛，干涩地在风中起伏摇摆，飒飒作响。没过多久，云层里又透出一隙阳光。天地间充满一种既平静又神秘的安详。

初春的气息似乎有些飘忽不定，但又感觉物候的变化是确切的。我欣喜地发现，在树木瘦骨嶙峋的枝条上，芽粒饱胀，音符般的花蕾点缀其间，等待时机在春天里竞相吐绿绽放。地里的蚕豆和豌豆作物都开花了。蚕豆花，轻盈俏皮，宛若蝴蝶。豌豆花以跃动的姿态呈振翅之势，翩翩欲飞。油菜籽作物大面积抽薹，三两枝嫩薹举出了鲜亮的金黄色花束。率先开放的油菜花，成为最早带来春讯的使者，抢先为春天拉开了金黄的序幕，预示着大地即将涌动着金黄色花海。在清冽湿润的空气中，流动着奋力挣脱寒冷、万物生发的萌动，盛大花事的酝酿和节序突破的力量，一种令人振奋的清新气息围绕在我的四周，渗透我的整个身心，我深刻感受到了春天蓄势待发的强烈愿望。

今日立春，又一个二十四节气的轮回开始了。大地与节气运行的节奏保持同频脉动，迎来了崭新的生命季节。随后就是春耕春播，种子即将重启生命，展开生命的又一个轮回。

矗立田埂上的圆锥形稻草垛，沉默地积攒着泥土和光阴的气息。云层里又透出一隙阳光。天地间充满了一种既平静又神秘的安详。

荠菜花开

2月13日，农历正月初二。

新春伊始。沟边路旁，坡地溪畔，随处可见荠菜瘦长的茎秆举着细细碎碎的小白花。荠菜不惧寒冷，顽强地在严冬破土而出，在早春的微风中欢欣地遍地开花，以报春使者的姿态，传播初春的讯息，最细致入微地吟咏春天的到来。

修长纤细的荠菜，没有惊人的姿态和艳丽的色彩，却经历了岁月超过千年的钟爱。从《诗经》到唐诗宋词，皆有颂扬荠菜的诗句。"谁谓荼苦？其甘如荠。"这是《诗经·国风·谷风》的诗句。谁说苦菜味道苦涩？其实却像荠菜那般甘甜。白居易在《春风》这首诗中写道："春风先发苑中梅，樱杏桃梨次第开。荠花榆荚深村里，亦道春风为我来。"春风过处，各种花儿次第开放，村子深处的荠菜花和榆荚都在欢呼雀跃：春风为我来！"城中桃李愁风雨，春在溪头荠菜花。"辛弃疾对荠菜花的赞颂充满哲理。城里娇艳的桃花和李花最害怕风雨的摧残。春天青睐乡间溪头，荠菜花绽放如雪。穿过漫漫时空，元朝诗人谢应芳准备了好酒和春天的菜肴，热情地呼朋唤友迎接新年："新年好，有茅柴村酒，荠菜春盘。"

早春里，荠菜花开，而稻谷种子还在沉睡中。不要惊扰种子们的好梦。太阳孱弱无力地在云层中缓慢穿行。稻田里，虚静的水光，腐烂的稻茬，低矮的田埂，透出刺骨的寒意。一群鸭子在冬水浸泡的软糊糊的烂泥里快速攫取腐烂的谷物、蛰伏的虫蛹以及矿物元素。它们敏锐地感知到水温细微的变化，对节气更迭心中有数，准确地预见了春暖花开的日子。太阳终将一天比一天强大，为万物的复苏和生长提供充足能量。稻田再次繁盛指日可待。

荠菜在早春的微风中欢欣地遍地开花，以报春使者的姿态，传播初春的讯息，最细致入微地吟咏春天的到来。

清明菜

2月16日，农历正月初五。

一场"随风潜入夜，润物细无声"的春夜喜雨将泥土濡湿。春天开始发力，随处可见充满生命力的新绿，明显感觉到农作物向上生长的气势。春雷响，万物长。春草初生，花蕾竞绽，春潮从洼地的田野溢上了山坡。鸟儿的鸣啭此起彼伏，清脆悦耳。绿意与天光相比一周之前迥然不同，大地的面貌焕然一新，引人入胜。

春风吹拂大地，日新月异。

在路边和地头，清明菜毛茸茸的嫩绿叶子经过雨水浸润，在阳光下，白色绵毛上的露珠像是晶莹剔透的宝石，闪耀着童话般的光芒。每片叶子都在仰面呼唤绿色的春风来温柔地缭绕它的周围，直到风声成为光明而优美的春天的乐章。

我凝视着脚边的一蔸清明菜，不禁想起农村的一种传统习俗。在清明节前后，采摘清明菜嫩茎叶子，用清水洗净，剁碎后，倒入糯米粉，搅拌均匀，揉捏成一个个扁形或圆形的绿色小团子，放入蒸笼。在柴火蒸熟的过程中，从篾编蒸笼的缝隙冒出来的袅袅热气满屋氤氲，清香扑鼻。刚出笼的清明菜粑粑热气腾腾，香甜软糯，独具风味的乡土食物在舌尖和口腔里打转回旋，满嘴春天的味道。故乡的醍醐之味，在心灵中留下了终生不忘的连绵乡愁。

在往昔食不果腹的饥馑苦寒岁月里，清明菜粑粑不知温暖了多少孩童的记忆。在深入骨髓的眷念中，重温清明菜粑粑的味道，心头流动着温柔的暖意，由衷感激春天的馈赠。

　　清明菜毛茸茸的嫩绿叶子经过雨水浸润，在阳光下，白色绵毛上的露珠像是晶莹剔透的宝石，闪耀着童话般的光芒。

‖雨 水

2月18日，农历正月初七。小雨转多云。气温12℃～19℃。日出时刻07：38，日落时刻18：52。今日雨水节气，开始时刻18：43：49。

雨水，是农历二十四节气的第二个节气。又一场春雨飞洒，孕育着新的希望，催动春天持续发力。雨后的黎明，缓慢而有力地推出崭新的一天。雨水浸透了地表，大地解冻，沉睡的生命顺应时令的变化，跃跃欲试。周遭传来了枝条生长的声音，闻到了枝叶青嫩的气息。日光活跃，草木抽枝、展叶和开花的势头积极而强烈。清新的空气中流动着欣欣向荣的讯息。春天向前推进的速度明显加快，每一天万物都在更新。春潮澎湃，大地欢腾，激荡人心。

大地上的一切都在落实春天的诺言。

花枝浸透雨水，湿花娇艳欲滴。菜地边长出了一丛丛黄花菜。黄花菜又叫金针菜、萱草、忘忧草。"焉得谖草？言树之背。"这是《诗经》中吟咏萱草的诗句。诗句中的谖草，指的就是萱草，即黄花菜。黄花菜，叶片如兰，花朵近似百合花，生命力出奇的强大。分一小株栽种在泥土里，极容易存活，植株不断分蘖，疯长成一大丛。眼前的一丛黄花菜，嫩叶带着雨后的娇羞，一片弯弯叶尖上残留一粒水珠，晶莹剔透的光泽像是闪烁着钻石般的瞳仁凝视着天空，直到薄雾般迷蒙的灰色变得蔚蓝。一片片张开的叶子，像是母亲温柔的手指，呵护着这粒珍珠般的水珠。每一滴雨水都是宝贵的，宛如一首赞美雨水和春天的诗歌。

休眠的稻谷种子，轻轻挪动身子，试图睁开惺忪的睡眼，还没看清从罅隙中透进来的一丝微光，又倒头睡着了。睡吧，继续韬光养晦，积蓄能量，等待着生命复苏的那一刻。

一丛黄花菜，嫩叶带着雨后的娇羞，一片弯弯叶尖上残留着一粒水珠。优雅的叶片像是母亲温柔的手指，呵护着这粒珍珠般的水珠。每一滴雨水都是宝贵的。

惊　蛰

3月5日，农历正月二十。多云转小雨。气温12℃～19℃。日出时刻07：22，日落时刻19：03。今日惊蛰节气，开始时刻16：53：32。

春天是万物的节日。三月蕴含着一切可能性。

随着惊蛰的到来，郑家沟进入到仲春时节。经过立春的含蓄铺垫和雨水濡湿万物，每个日子都闪耀着新生命绽放的光芒。和暖的春风吹拂大地，掠过雨后田野，万物生长，花开迅疾，众鸟归来。油菜花黄，桃红李白，姹紫嫣红地铺陈出大地斑斓的织锦。枝条上的嫩叶舒展生长，蔚成绿霾。阳光透过泥土的罅隙，唤醒了沉睡的生灵。蛰伏一个冬季的昆虫拱破泥土，爬出石缝，现身在春意盎然的大地上。

稻田看似没有什么变化，依旧陷于休耕期的沉寂。我蹲在田埂上，细致观察，水里有一些微小的泥栖软体生物在颤动。水中有动静了，表明水温回暖，蛰伏在淤泥里的生命在慢慢地苏醒，预示着稻田重新焕发光彩的日子不远了。在稻田附近，玲珑野花开得活泼自在，花朵招展，争芳斗艳。布谷鸟的鸣叫清脆悦耳，越过树冠，渡水而来，催促庄稼人计划好各种农事的轻重缓急，备好农具，保证以最好的状态出门下地。春耕农忙就要开始啦。

观察稻田之后，我们跟着春天的芳踪，来到屋背后的缓坡上。我提着篮子，和夏天妈妈、夏天及小英一同采摘香椿嫩芽。一棵棵椿树笔直瘦高的树干梢头，一簇一簇的羽状嫩叶薄如蝉翼，紫红色的光泽透亮如玛瑙，天真烂漫地绽放，像是在春天里燃烧着的一束束火苗。

回到夏天父母的屋里，我找到了一把锄头，将湖边李子树下的倾斜地面挖出小块平地，铲平泥土，铺一层砖头。夏天搬来一张废弃的长方形旧木桌面，稳稳当当地放在砖头上。旧木桌面清晰的乌黑纹路，镌刻着岁月的痕迹，俨然一张古朴的茶桌。端来三把靠背竹椅，摆上茶具，面朝近在咫尺的满湖粼粼春水，品茗闻香。李子树灰黑的枝头压满簇簇白花。风在枝叶间穿梭，如雪的花朵在头顶上曼妙晃动，轻盈地飘下来片片洁白花瓣，寂静无声地落在桌面上和杯子里。置身春天的花枝下，心与万物融为一体。放眼湖面和对岸的青山，一派诗意的田园风光，宛如远离尘世的桃源仙境，令人陶醉。

一盘鹅蛋炒香椿嫩芽端上了中午的餐桌，清香扑鼻。这道农家经典菜品轻而易举地俘获了我的心。满嘴春天的味道，唤起了久违的记忆，心里充满欢喜。饭后，我们沿着湖边小路走到对岸，在堤坎边缘席地而坐，双脚随意地垂向湖水，脚尖几乎够到了被春风吹皱的粼粼水面。右手边，一长溜浓密深茂的油菜盛开着金灿灿的油菜花，油菜花的倒影把一长溜湖水染成金黄色。在墨绿宽大的油菜叶上，一只虚弱的小蜘蛛踽踽爬行，在惊蛰之日初次露面，有些不知所措。作为涉世未深的节肢动物，小蜘蛛必须面对独自闯荡世界的挑战与困境。没有挑战的生命，注定无人喝彩。相信小蜘蛛定能逢凶化吉、绝处逢生，勇敢地度过非凡的一生。

在身边的草地上，我发现了两只黑蚂蚁——这是今年第一次发现的黑蚂蚁，或许是这一带最早醒来钻出地面的昆虫先驱。两个小家伙，睡眼惺忪，腿脚僵硬，步履蹒跚。其中一只黑蚂蚁打起精神，晃动触角，礼貌地向我致以传统的乡间问候。面对蚂蚁的问候，我感到自惭形秽。我已经不配做蚂蚁们的朋友。我冷落它们不知多少年了。我小时候生活在农村，曾经非常平易近人地趴在地上，舍得花上半天时间，饶有兴致地观看蚂蚁匆匆赶路、搬运食物以及跳舞、争吵和厮斗。它们几乎对我不设防，把我看成是一只面目怪异的巨型蚂蚁，一个笨拙地趴在地上的旁观者，世界上最无聊的动物之一。我的肢体远不如蚂蚁灵活，也没有什么才艺可以展示，但是它们并不嫌弃我，宽容地尊重我的存在。自从迁到城市生活，亲近昆虫的时光戛然而止，我再也没有热情地关注过蚂蚁这种可以说是地球上数量最多、最为常见的昆虫的命运了。在物欲横流的年代，我仓皇地狼奔豕突，追名逐利，沉沦其中。我疏远昆虫太久了！太久地远离了纯真年代，遗忘了蚂蚁带给我的单纯的快乐。然而它们并不计较我的冷漠和遗忘，大度而礼貌地问候我。它们的深明大义，使我幡然醒悟，唤起我重温万物有灵的童真。万物绰约多姿，生命有万般姿态。有昆虫生活的地方，才是我们赖以生存的洞天福地。放下成见，摒弃凌驾万物的自大，与万物生灵同生共存，心无芥蒂，和谐相处，就是彼此的宝藏啊！

这时候，两只活泼的白色小型蝴蝶拯救了我，让我毫发无损地回到了当下的春天里。这两只蝴蝶轻盈地翩翩起舞，在金灿灿的油菜花上追逐嬉戏。

鸟影倏然划过天空。

夏天妈妈在对岸青翠的菜园里俯身忙碌。夏天忽然扯开嗓子，娇嗲地大喊两声："妈妈！妈妈！"飞往对岸的声音里，百转千回、销魂蚀骨地回荡着夏天对身体有恙的妈妈的万般心疼和亲昵撒娇。"喊啥子嘛，喊啥子嘛，"夏天妈妈抬头，直起腰板，大声吼道，"要我过去背你呀！"回应出乎意料，我和小英笑得前仰后合。夏天丝毫不感到尴尬，也不管我们笑得肚子痛，体贴地大声劝告："妈妈，回屋里头休息嘛！"在含泪的笑声中，忽如一夜春风来，千树万树梨花开。万水千山，满目朝霞。我们心领神会，完全理解这种独特交流方式中的母女情深，幽默与温情尽在其中。

夏天担忧妈妈劳累出汗，引起感冒，导致旧恙复发。夏天妈妈身体不好，昨天在资阳看病后坚持回来给我们操办午餐。记得第一次来到这里，夏天妈妈从头天忙起，为我们准备了非常丰盛的美食。夏天的父母热情待人，礼遇隆重。我们往后要多次前来观察水稻，必定会给夏天妈妈增添很多麻烦。我和小英私下商量，以后自带方便面，或者自己动手煮饭。第二次来到这里，小英带来了方便面和卤菜。夏天

李子树灰黑的枝头压满簇簇白花。风在枝叶间穿梭，如雪的花朵在头顶上曼妙晃动，轻盈地飘飞片片洁白花瓣，寂静无声地落下来。

妈妈看在眼里，有些生气地说："你们远道而来，又是夏天的朋友，不在我这儿吃饭，怎么说得过去嘛！你们吃方便面，就是看不起我们哩。"夏天妈妈坚决要求小英把方便面带回成都。从此我们再也不好意思自带饭菜了。

　　到这里，夏天妈妈给我们操办了一顿又一顿可口的饭菜。若是正逢周末或节假日，夏天的妹妹郑莉就会开车从资阳赶回来给妈妈当帮手。每次吃饭，夏天妈妈总是最后一个在餐桌边坐下来。在饭桌上，夏天妈妈喜欢聊一些国内外动态。她不追剧，更不追哭哭啼啼的爱情戏，最喜欢收看国际新闻，很熟悉近段时间国际上发生的种种大事。

三月的春风吹皱了湖面，吹碎了油菜花金黄色的倒影。

回到屋里，小英说到了患病的母亲。夏天妈妈感同身受，连忙喊来夏天爸爸，一同登上小船。夏天妈妈双手两侧划桨，一路搅起水声，水鸭扑扑惊飞。时而有鱼儿跃出水面，闪烁着银光，旋即扑通砸进水里，打碎大片波光。欸乃声声里，船在画中行。夏天爸爸俯身捞网，捞捉鲫鱼。半小时后，小船回来了。夏天爸爸从桶里捞起一条条白花花的鲫鱼，让小英带回家，给妈妈补养身体。

夏天妈妈诚恳待人，礼数周全，给我准备了一捆新鲜莴笋和一袋土鸡蛋。青绿的蛋壳，金色的蛋黄，口感好，味道香。乌黑的母鸡在屋前屋后自然敞放，产下的蛋自然是绿色食品。每当看到那些乌黑母鸡勤于觅食，我感到惭愧。我对它们没有一丝一毫的贡献，却一次又一次白白地拿走了它们用心血凝成的珍贵成果。

之后我们走访了郑邦富大爷的女婿蒋长兵。他说过两天就要购买优良水稻种子。在我们说话之时，从一面土墙的一个个蜂洞里，飞出来一群群金色蜜蜂，嘤嘤嗡嗡，络绎不绝，饥渴而迅疾地扑向油菜花田。夕阳的光线涌入油菜花丛，微风带来了浓郁的芳香。蜜蜂们争分夺秒飞舞穿梭，悬挂在花朵上或者拥抱花蕊，抢在黄昏降临之前，尽情地吸饱花蜜。

蝌蚪

3月11日，农历正月二十八。多云转阴。气温12℃～17℃。日出时刻07：20，日落时刻19：09。

一个春和景明的日子。

春风一吹，草木英姿勃发。在路边、沟渠旁、野地和荒坡，各种野花竞相开放，姹紫嫣红，千姿百态，争奇斗妍，恣意撒欢，令人欣喜。低矮卑微的小花，细腻温婉，焕发出生命的亮丽光彩。随着春天的强力推进和提速，植物汹涌地生长。

太阳在天空中渐渐爬高，温暖的阳光沐浴万物。气温回升，大地明亮。破土而出的玉米新芽向上生长，挂在柔嫩叶片上的露珠，水晶般闪闪发光。太阳的热量，春天的气息，一同渗透到土壤的深处，冬眠的昆虫们悉数复活，苏醒的虫子从泥土的缝隙中爬到地面上。一条马陆虫在坑洼不平的新翻泥土上快速爬行，犹如翻山越岭，马不停蹄地赶路。

三月的天气说变就变，下午三点，太阳收敛起光芒，阴郁雨云在天空累积。燕子时而斜飞追逐，时而俯冲猎食虫子。在灌溉渠中，水田里，黑色蝌蚪数量惊人，成片黑压压的。蝌蚪鼓着大肚子，不停地摇摆长尾巴，推动着纺锤形的黑色身体游来游去。这些蝌蚪是青蛙和蟾蜍的幼体，一部分将蜕变为稻田里的杰出歌手。

木心回忆说："初春，最美的是蝌蚪。""生之乐事无过于春野池塘边舀蝌蚪。"我小时候也舀过蝌蚪，小小的软滑的黑色蝌蚪，给我带来过无穷的乐趣。蝌蚪令人想到青蛙，想起雨后的夏日夜晚，月明星稀，溪桥忽见，在稻花飘香的田野里响起蛙声一片，在热烈地谈论和憧憬着丰收的好年景。

蝌蚪鼓着大肚子，不停地摇摆长尾巴，推动着纺锤形的黑色身体游来游去。

春耕春播

　　大地春意正浓。布谷鸟号角般的鸣叫响彻村庄上空，催促人们抓紧时间下地劳作，切莫耽误春耕春播。稻谷种子被抛撒到了苗床上。有一粒种子的名字叫阿香。阿香，这两个字眼音韵美丽。呼唤这个名字，口齿生香，沁人心脾，最能发自内心地表达我对稻米的热爱和感恩。稻花香，稻谷香，稻米香，香飘万年，香飘祖国神州大地，香飘在我们生命中的每一天。

大田多稼，既种既械，既备乃事。

——《诗经·小雅·大田》

朝耕及露下，暮耕连月出。

——[宋] 王安石《和圣俞农具诗》

春 分

3月20日，农历二月初八。多云转小雨。气温9℃～18℃。日出时刻07：06，日落时刻19：13。今日春分节气，开始时刻17：37：19。

天气阴沉，白云低低地漂浮山头。我开窗行车，耳边灌满飕飕风声。穿过宁静的田野，车头前方，两只鸟儿低空疾飞，一顿一顿地，波浪般起伏远去。汽车过处，惊起一只鸟雀，如同在风中穿行的箭矢，划破空气，射向春天的深处。

我们又来到了郑家沟。

春意愈浓，桃花荼靡，大地已然摒弃了严冬。春水泛起涟漪，波光粼粼。蚊蚋嗡嘤，节肢动物倏忽飞舞，蚂蚁匆匆赶路。被春风唤醒的小动物们各自忙碌。樱桃树上，挂着一串串青涩果子，宛如一颗颗绿宝石。荠菜细长的茎秆上，缀满三角形角果。清明菜开出了毛茸茸的鹅黄色花朵。蒲公英天真地举着白色冠毛绒球。金银花开得正旺。一蓬一蓬的青菜碧绿润泽。青草弯曲地塑造春风的形状。万物欣欣向荣，互相赞美，彼此见证令人动容的生命奇迹。

春天推进的速度惊人，倏忽间春季已过半。油菜花凋谢了，大片大片的金黄色块消失了。油菜茎秆上，节节长满了细长的菜籽尖荚。蚕豆作物的青青豆荚日渐饱满。葱茏的绿色，以压倒性的气势覆盖大地。在盎然的绿意里，映衬出荷锄下地的庄稼人沉默的身影。

傍晚时分，下起了迷蒙细雨，天空挥洒着滋养万物的甘霖，泥土闪烁着湿答答的白光，心头蓦然升起"春分有雨是丰年"的美好憧憬。春耕劳作就此拉开序幕。

垒田埂，清理水田

在资阳乡下，在方言上，人们尊称年长的叔叔、大伯叫满满。夏天喊郑邦富老人叫满满。像满满这样的称呼，是祖先的、民间的、乡土的、亲昵的，蕴涵着朴素的情感，饱含着浓浓的乡情。方言乡音传承着民间古老的习俗，自发地世代相传，天经地义。

在红光村，时间的流逝不是那么明显，时有时间暂停下来之感。人们随时席地而坐，或者就站在路中央，说说笑笑，家长里短，非常耐心地聆听彼此的讲述。一切都可以缓慢而从容地应对。在日复一日、年复一年的世俗生活里，某些笃定不变的存在，让人感到很安心，很踏实。村里的老人，将劳作视为信仰，保持着农人本色，坚守着世代唇齿相依的土地，延续着传统农耕的生活方式，耕作的智慧无处不在。他们用辛勤的劳作尽心竭力地塑造这方水土，这方水土也养育着他们。

郑邦富老人72岁，须发既短又白，目光如炬，精神矍铄。我尊称他郑大爷。郑大爷的老伴、70岁的涂大娘说，老郑昨天挖了一整天的泥巴，一锄泥一锄泥地垒到田埂上。几近沉陷消失的田埂被重新垒起来了。我来到田边，看见隆起的田埂上，泥巴闪烁着湿润的白光。

三月里，农民满怀期待，用赤裸的双脚诚实地接触土地，干活不惜力气。接近晌午，太阳破云而出，温暖的阳光照耀着水田，消弭着泥水彻骨的寒气。郑大爷高卷裤脚，撸起袖子，赤脚踩进新垒了田埂的水田里，躬着脊背，在砭人肌骨的淤泥中挪动双脚，拔除杂草，扔进身边的一个塑料盆子里。郑大爷正在清理的这块水田，将用作培育水稻秧苗的苗床，也称为秧田。俯身水田，背影沉默，今年稻谷丰收的希望就在这纷纷溅起的泥水中。

备种——两系杂交籼稻种子

种子被称为农业的芯片，是农业生产的根本。一粒种子可以改变一个世界，能够创造一个奇迹。一粒粒种子犹如一个个生命胶囊，包含着生命的基因密码，随时等待着被唤醒。一粒种子犹如一束生命之光。每一粒种子都非常珍贵，蕴涵着非凡的能量，孕育着新的希望。种子资源是一个国家的关键性战略资源。种子的安全，就是粮食安全，就是国家安全。

广义而言，水稻的果实都可以称为种子或谷粒。而狭义地看，种子和谷粒存在一定区别，并不是所有的谷粒都可以用作种子。人们通常不会食用那些用于生产种植的稻种。种子的组成揭示种子所蕴含的生命信息。水稻种子主要由芒、稻壳、胚乳和胚组成。稻壳是种子的硬外皮。胚乳和胚组成米粒。胚乳，主要由淀粉、蛋白质和脂肪组成。胚乳是营养的仓库，种子发芽及幼苗生长所需的营养都由胚乳供应，也是人类食用的主要部分。胚，是谷粒中最具生命力的部分，被誉为水稻植株的原始体。胚发育成芽和根，随后长成幼苗。水稻种子（谷粒）的质量决定了发芽率和秧苗的成长，影响到水稻最终的产量与品质。

水稻品种分为籼稻、粳稻和糯稻，分别加工成籼米、粳米和糯米。在地理分布上，南方以种植籼稻为主，北方则多为粳稻。籼稻更适宜在纬度较低、海拔不高的南方稻区种植。大多数籼稻的茎秆较粗壮，分蘖力强，但耐寒性较差，在气温达到12℃时才能正常发芽。籼稻叶片的光合速率远高于粳稻。籼稻更加枝繁叶茂，株高穗长。而粳稻更耐寒，华北、东北地区主要种植粳稻。长谷粒的籼米型品种，米粒细长，煮饭时，胀性大，黏性小。短谷粒的粳米型，米粒呈短圆状，更透明，黏性大，胀性较小，煮熟后米粒相互黏合。

农村往年种植的常规水稻（或称普通水稻）是既可以留种且后代不分离的水稻品种。种植常规水稻，农民可自产自留谷种。常规水稻种子价格低廉，在田里用种量大，不如杂交水稻产量高。一些水稻科学家一直在努力培育新的常规水稻。

杂交水稻是由两个具有不同遗传特性的水稻品种或类型进行杂交后所产生的具有杂种优势的第一代杂交种。杂交水稻育种优良，抗虫害，抗倒伏，用种量少，分蘖力好，产量高。收割后不留种子，自己留的种子产量很低。来年春播前，需要到种子销售公司购买由育种制种基地培育出的优良稻种。

在郑大爷的稻田里将种植籼型两系杂交水稻品种，即两系杂交籼稻。种植袁隆平成功研发出的籼型杂交水稻，可使亩产比常规水稻增产20%以上。郑邦富大爷的女婿蒋长兵到资阳市购买了5袋隆平高科"晶两优1377"两系杂交籼稻种子，约11万余粒。包装袋上有使用说明，这种稻谷种子适宜在四川平坝丘陵稻区种植，建议播种期为3月10日至4月25日，水育秧的秧龄为30至40天，水稻全生育期为158.5天——水稻的生长从种子萌发开始至稻谷成熟所经历的总天数。

水稻全生育期包括出苗期、分蘖期、拔节期、孕穗期、抽穗期、开花期、灌浆结实以及成熟期。水稻全生育期具体多少天，由水稻的品种、特性和种植地区的气候条件（气候温度和光照）以及所处的地理环境等多种因素决定。不同种植区域、不同品种的水稻全生育期有所不同。南方的水稻全生育期通常要短一些，而北方的水稻全生育期比较长。南方气温较高，无霜期一般较长，可以种植早稻、中稻和晚稻。

郑大爷将种子倒进一个大陶钵里。我们第一次与今春即将播撒大地的种子见面。郑大爷牢记祖训，知晓土地的力量，透彻了解农时规律，笃信只有耕耘播种才有收获，才有饭吃。他面露庄严神情，郑重地抓起一把种子，低头凝神观察，对着种子默默地许下风调雨顺的愿望，祈愿水稻获得好收成。陶钵里的种子可是今年丰收的希望啊！

大陶钵里装的是籼型两系杂交水稻种子，即两系杂交籼稻。

‖有一粒种子叫阿香

万物都染上了春色。

上午，在郑大爷家的堂屋门前的无花果树下，夏天端着相机，专注地拍摄陶钵里装满的稻谷种子。我凝视着金色种子，心头产生出一种强烈而美好的预期：风吹稻田，金色稻浪层层摇荡，像是对美好生活的向往，一浪紧接着一浪地涌来。沉甸甸的稻穗哗哗作响，大地闪耀着典雅的盛大光华。同时预感到，我即将与其中一粒种子萌发的新芽邂逅，发生一场天时地利人和的完美相遇。

在某一刻，我灵光乍现，茅塞顿开，从陶钵里的11万余粒种子中，分明看见一粒种子举出她自己的名字——阿香。一种无以名状的启示不期而至。这是一个神圣的时刻。阿香！霎时宛如明亮的星辰，闪耀在广袤无垠的夜空中。我非常喜欢这个名字。阿香，这两个字眼音韵动人，清纯甜美，带有一种神启般的纯净明朗，令人产生美好遐想。稻花香，稻谷香，稻米香，香飘万年，香飘祖国神州大地，香飘在我们的生命中的每一天。阿香，亲切的昵称，美丽隽永，明媚可爱，象征新的希望，闪耀着温暖的生命色彩。呼唤这个名字，口齿生香，沁人心脾，最能发自内心地表达对稻米的热爱和感恩。

阿香，并非是我的命名。我没有资格给一眼万年的种子命名。这个名字来自于神秘意志的启示。这是天赐的命名。在眼前的陶钵里，注定有一粒种子的名字叫阿香。阿香就隐身在这些种子之中。阿香会在某个时刻现身。我耐心地等待阿香出现，将亲眼见证阿香诗意地度过一生的光阴。光阴无价，凝成诗语，阿香一定很美，一定会带来最美好的生命故事。

凝视着陶钵里的金色种子，心头产生出一种强烈而美好的预期：风吹稻田，金色稻浪层层摇荡，沉甸甸的稻穗哗哗作响，大地闪耀着典雅的盛大光华。

‖ 用作苗床的水田

3月23日，农历二月十一。晴。气温9℃～19℃。世界气象日。

水稻栽培采用育苗移栽的方式。将种子播撒到秧田里，先培育成秧苗，然后将秧苗移栽到大田中。移栽之前，水稻幼苗一般称为秧苗。培育水稻秧苗的田块称为苗床，又叫秧田。郑邦富大爷将自家屋前的一块八分地的水田用作培育秧苗的苗床。这块水田地势向阳，田泥细腻，土质肥沃，有机质含量丰富，排灌方便。而且离家很近，出门下坡就到，便于日常管理。在春分节气的前后，郑大爷荷锄下到这块田里，重新垒砌了田埂，拔除了杂草。还在田埂一角挖开一个豁口，让田里的水排泄出去。田里的水放干后，晾晒两三天，才翻挖泥巴。

晴朗温暖的一天。太阳照耀着郑家沟。我站在田埂上，仰面朝着太阳，闭上眼睛，暖融融的绚烂光线在眼皮内辉煌地膨胀。夏天端着相机，记录翻挖泥土之前的稻田——用作苗床。田里的水快放干了。田水流向排水口的轨迹气韵生动，出神入化地勾勒出富于韵律感的优美线条，宛如大地胸膛上的筋脉，既像是舞动的深色飘带，又如游龙般摇首摆尾。这就是神迹显现，是风调雨顺、年年有余的吉祥征兆。明媚的春光把夏天的倩影映成黑色剪影，相得益彰地雕刻在细腻湿软的金色淤泥上。时而低空掠过的鸟儿，唱着我无法解读的歌谣，迅疾地在田里投下一闪而逝的影子。在耀目的泥面上，还能看到天上流云的移动。

一条灌溉渠蜿蜒于稻田之间，贯穿整个郑家沟。渠水来自上游的红光水库，半槽清流，漾着微波，潺潺不息，灌溉着田园，滋养着红光村。

水流无声，静待花开。

　　夏天端着相机，记录翻挖泥土之前的稻田。明媚的春光把夏天的倩影映成黑色剪影，生动地雕刻在细腻湿软的金色淤泥上。

▌布谷鸟催促春耕春播

白昼变长，天气暖和起来。大地春意正浓，花枝招展，绿意肆意蔓延。春天的怡然气息贯流田野，扑面而来。飞来一只布谷鸟，落脚屋背后的高枝上，咕咕鸣叫，展露才华。布谷鸟用灵魂在呼喊，叫声空旷远播，声声情真意切，感人肺腑，一遍又一遍鼓动和催促人们抓紧时间下地劳作，切莫耽误春耕播种。耽误农时，就意味着耽误收成。要顺天时，尽人心。

一只蜜蜂发动它的小马达，嘤嘤嗡嗡，飞舞到布谷鸟面前，发自内心地赞美："布谷，布谷，你完美的嗓音真好听喔，音节铿锵，草木震动，山鸣谷应，响遏行云。我喜欢聆听你唱的每一支歌谣！"

"你嗡嗡的鸣唱也很好听呀！轻巧的身材，优美的舞姿，唱着甜蜜的歌儿，在群芳争艳的花丛中孜孜不倦地采蜜，你是春天里勤奋又可爱的小精灵！"布谷鸟温柔地看着蜜蜂，诗兴大发，"小小微躯能负重，器器薄翅会乘风。带声来蕊上，连影在香中。蜂采群芳酿蜜房，酿成犹作百花香。终日酿蜜身心劳，甜蜜人间世人效。这些都是古人赞颂你的诗句呢！"

"一年之计在于春。不负春光好时景，播下田野新希望。一分耕耘，一分收获。一年的粮食收成就在于春天的耕耘和播种。"布谷鸟抖一抖锦绣羽毛，瞳孔闪耀着励志的光芒，鼓舞人心的话语激励蜜蜂不要懈怠，"我们都要珍惜这雨润风暖的大好春光，一寸光阴一寸金，不蹉跎，不虚度，不贪图安逸，贵在行动，保持勤奋的姿态，多多努力，有所作为！"蜜蜂踌躇满志，用力地翕动翅膀，拍打着明亮的空气，挥别布谷鸟："布谷，谢谢你的提醒，我这就去采集花粉，用实际行动证明我不忘初心，不负自己，不负春天。后会有期！"

　　一只蜜蜂嘤嘤嗡嗡地飞舞到布谷鸟面前，发自内心地赞美：布谷，布谷，你完美的嗓音真好听喔，音节铿锵，山鸣谷应。我喜欢聆听你唱的每一支歌谣！

挖田翻土

3月27日，农历二月十五。晴。气温13℃～23℃。日出时刻06：58，日落时刻19：17。

春天的空气湿润料峭，春耕农忙如期到来。天色蒙蒙亮，郑大爷就起床了，扛着锄头，直奔家门口的水田，为播撒种子、培育秧苗制作苗床。

如今农村普遍使用现代化的机械进行耕田翻土、播种、插秧和收割，劳动力成本大大下降，粮食产量成倍增加。郑大爷种了一辈子的地，对土地怀着深厚的情感，早就把自己的一生交给了深爱的土地。沃土生精华。他一直坚持自己耕田种地，沿袭古老的锄耕方式，翻挖田土全靠人力完成，用辛勤的汗水浇灌珍贵的土地。

郑大爷肩荷一把硬木长柄挖锄，赤脚踩进田里，观察片刻，旋即开工。身为一介老农，熟稔耕作智慧，架式稳当，双手紧握光滑的长木柄，挥舞锄头，高举过头顶，爆发力用在扎进泥土的锄刃上，将锄头一撬一拖，翻起大团泥巴，然后敲碎。郑大爷保持不疾不徐的节奏，没有任何多余的动作，脸上也没有多余的表情，娴熟地掌控着锄头的起落，一锄头一锄头地挖掘田泥。杵着锄柄休息时，抽着烟卷，吐出烟雾，语气平静地说，性子急，慌忙中干不出像样的农活。土地生万物，只要对土地好，尊重和善待土地，辛勤劳动，土地懂得如何回报你。

多年以前，牛是农家之宝，是耕田翻地最主要的畜力。郑大爷曾经养有一头最棒的水牛。水牛目光清亮，体格健壮，步伐坚定，耐力非凡。低头啃吃青草时，尾巴左右摇摆，两只弯弯犄角在阳光下闪闪发光。耕田是它最擅长的活儿，是生命中肩负的使命。立春后，这位杰出的劳动者，天天盼着在天光云影的水田中大显身手，在辛勤的劳动中赢得尊严和荣光。

　　沃土生精华。田里的泥巴被翻挖了一遍。在乍暖还寒的空气中，弥漫着新翻土壤的湿润气味，泥块上留下的锄刃痕迹在夕阳下闪闪发光。翻挖之后，田里又重新灌水浸泡。

往年一到春耕时节，在水田里，郑大爷裤腿高卷，挽起衣袖，左手持鞭和牵着牛鼻绳，右手扶着犁梢，紧跟在水牛屁股后面，掌控着犁铲掘进泥土的深浅和水牛向前的速度。水牛鼓着铜铃般的眼睛，庞大的身躯奋力前倾，拖着银光闪闪的犁铧，缓慢而坚毅地前行，身后锋利锃亮的犁铲持续剖开田泥，花开般地翻起褐色土壤，犁出槽沟。水牛忍受着桎梏般的牛轭——状如人字形的曲木——深深地勒进牛脖颈肌肉卷起的疙瘩里，时而喷着鼻息，摇摆几下大耳朵，默默地承受着劳累、疼痛与饥渴。人与牛密切合作，来来回回地犁田。

在烟雨朦胧中，农民头戴斗笠，身披蓑衣，肩扛犁铧和牛轭，牵着水牛，牛铃叮当，一前一后行走在田埂上。水牛负轭拖犁耕田，黄昏时收工回家，牧童横笛牛背。这样的农耕经典画面从农村消失了。一头牛，一张犁，古老的犁田方式也很难看到了，已被现代化的犁田机所取代。对水牛的怀念和英雄般的崇拜，唯有诉诸于布谷声声里的乡土唱挽。萦绕心头的乡愁和对消失事物的追怀，就像山岭间的重重春岚，时淡时浓，令人唏嘘。

寂寞的农田以缄默的方式保持尊严，深沉地彰显土壤不朽的价值和滋养水稻生长的力量。经过郑大爷一整天的辛勤劳作，田里的泥巴被翻挖了一遍。在乍暖还寒的空气中，弥漫着新翻土壤的湿润气味，泥块上留下的锄刃痕迹在夕阳下闪闪发光。麻雀、燕子和乌鸫在起伏如浪的泥土上起落啄食。翻挖之后，田里又重新灌水浸泡，以便接下来容易把田泥耙碎。一只蝼蛄在水里游动，快速爬到高耸的泥脊上张望。蝼蛄俗名土狗子，喜欢吃新播的种子，还咬食农作物的根部，对幼苗造成伤害。两条泥鳅将泥块之间的小水洼搅得浑浊不清。郑大爷挖掘泥巴时，难道惊扰或碰碎了泥鳅做了整整一个冬季的美梦？要么在黑暗的地下漫长的酣睡中，郑大爷的锄头和温柔的春风唤醒了泥鳅，它们在泥水里快活地吐故纳新。

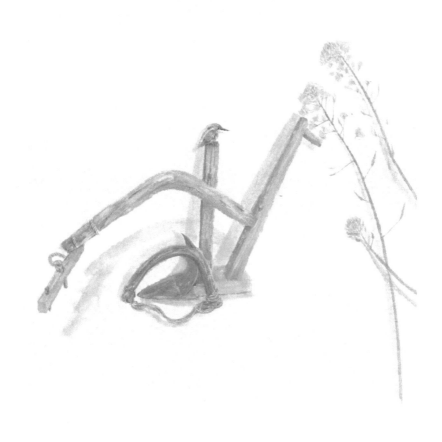

　　耕田用的犁具。水牛忍受着桎梏般的牛轭——状如人字形的曲木——深深地勒
进牛脖颈肌肉卷起的疙瘩里，默默地承受着劳累、疼痛与饥渴，坚韧地来来回回地
耕田翻土。

多年以前，牛是农家之宝，是耕田翻地最主要的畜力。水牛目光清亮，体格健壮，步伐坚定，耐力非凡。低头啃吃青草时，尾巴左右摇摆，两只弯弯的犄角在阳光下闪闪发光。

晒种、浸种和催芽

3月28日，农历二月十六。晴转多云。气温13℃～28℃。日出时刻06：57，日落时刻19：18。

稻谷种子在贮藏期间，因受到环境温度和湿度的影响，生命力会有不同程度的降低，导致生命活动非常微弱。播种前，通常将种子在阳光下晾晒2～3天，既可以消毒杀菌，减轻由种子传播的病害的发生率；同时打破种子的休眠状态，激发种子的活力，让种子回暖苏醒，增强种子的皮透性和酶的活性，使之在浸种时吸水均匀，促进种子内部的新陈代谢，提高发芽率和发芽势，保证发芽整齐，有利于培育出健壮的秧苗。具有生命力的水稻种子，在适宜发芽的水分、温度以及氧化等条件下，不能萌动、发芽的现象称为种子的休眠特性。

郑大爷将晾晒过的种子倒进陶钵的药水中，捞出漂浮在水面的空瘪谷粒。沉浸在药水下面的都是颗粒饱满的种子。用浸种药水浸泡种子，可以防御恶苗病菌的侵害，保证种子充分吸收温润的水分，使种皮膨胀软化，生命欲望被触发，促进种子从休眠状态转化为萌芽状态，加速种子发芽的进程。杂交水稻可浸种24小时或稍多一些时间。浸种有利于催芽。

浸泡种子的其中一个陶钵摆放在堂屋门前露天的桌子上。夏天从无花果树上摘下一枚无花果嫩叶，洗净后放进陶钵里，接着通过相机镜头观察嫩叶微妙的漂浮和移动，敏锐捕捉春风如何沉醉于水面，同时将一颗温柔之心散发的馨香和最美好的祝福，通过这枚嫩叶传递给水中的阿香和每一粒金色种子。这是一个具有仪式感的既显得庄严又不乏诗意的开端。

摘下一枚无花果嫩叶，洗净后放进陶钵里，观察嫩叶微妙的漂浮，捕捉春风如何沉醉于水面。将最美好的祝福，通过这枚嫩叶传递给水中的每一粒种子。

‖平整苗床

3月29日，农历二月十七。晴转多云。气温16℃～29℃。日出时刻06：56，日落时刻19：18。

春天昂首阔步向前衍进。天空放晴，暖阳明艳，蜂蝶乱飞，花草杂生，缤纷的色彩蔓延到郑家沟的各个角落。风摇枝条，青草律动，绿意葱茏，一切都让人怦然心动。

春耕正当时，为播种做准备，郑邦富大爷按部就班地为秧田进行整地、作床。整地对于育秧至关重要，为秧苗生长创造良好的土壤耕层构造、表面状态和生态环境，提高土壤肥力，以便培育出理想的壮秧。作床（即苗床）的质量直接影响到播种质量和秧田管理，要求床面平整、土壤细碎，防止坑洼不平而影响出苗。还要挖好排水沟，防止内涝积水。

郑大爷抢起锄头，将整块田里起伏不平的褐色泥块挖得细细碎碎的并铲平，然后分割成五厢长方形田块。每厢狭长的田块宽约两米。在厢与厢之间以及两头挖出沟槽，作为排水和行走的通道。令我联想起唐朝诗人白居易的诗句"鳞差渔户舍，绮错稻田沟"和薛逢的诗句"夜开沟水绕稻田，晓叱耕牛垦堵土"。郑大爷放下锄头，双手拿起简易木制工具，把每厢田块呈糊糊状的泥面刮平整，接着将磷肥和碳铵化肥均匀地撒在泥面上，很快溶入湿润细腻的土壤中。施以速效底肥，给种子提供养分，可以促进种子发芽，以便快速长出叶子，使秧苗苗壮生长。经过这些工序后，这块八分地的水田变成了五厢平整光亮的长方形苗床。

从一早忙到黄昏，郑大爷满脸满身都是汗水和泥污。年逾七旬的郑大爷说，苗床晾晒一至两天后，选择晴朗的天气播种。苗床在夕阳下闪闪发光，静静地等待着种子的到来。

　　这块八分地的水田，变成了五厢平整光亮的长方形苗床。培育水稻秧苗的田块称为苗床，又叫秧田。

播种的日子

3月31日，农历二月十九。多云转阴。气温14℃～23℃，北风5级。日出时刻06：53，日落时刻19：19。播种的日子。

多云天气，春风拂面。

小英协助郑大爷将陶钵里浸泡的种子倒进筲箕里，滤干水分。我将种子端到田边，用土碗从筲箕里舀满种子，倒进郑大爷手端的铝制盆子里。郑大爷顺着浅沟挪动裹满淤泥的双脚，右手抓起种子，不疾不徐，一把一把地挥撒到苗床上。郑大爷撒完一盆种子，从浅沟走回来再装满一盆，继续播撒。不到1个小时，将筲箕里11万余粒种子全部抛撒到5厢苗床上了。培育出的秧苗可移栽五亩稻田。

播撒完种子，接着搭建薄膜拱棚。蒋长兵的父亲和岳父郑邦富大爷扛来几捆事先准备好的长竹片。两位老人动作娴熟，配合默契，将一根根竹片的两端插进苗床两侧的浅沟里，搭起一个个半圆形的隧道式拱形棚架。我和涂大娘站在田坎上，协助田里的两位老人，将长长的白色塑料薄膜覆盖在棚架上，四周绷紧，用泥巴将薄膜捂压严实，防止透风和被风刮起。

三月最后一天，临近晌午，5厢苗床的薄膜拱棚全部搭建好了。阳光打在白色拱棚上，熠熠闪光。大棚遮风挡雨，保温防冻，有利于种子发芽，同时保护种子不被鸟儿、鸭子、鸡和老鼠吃掉，不被雨水冲走。如果天气晴好，棚内温度合适，3至5天种子就会发芽。就在这时候，布谷鸟咕咕的鸣叫再次响起，像是连连夸奖这个不错的开局。布谷鸟扑棱翅膀，从枝头纵身跃起，飞掠天空，奔走相告：种子播下了，大棚搭好了，今年丰收有希望啦！

将陶钵里浸泡的稻谷种子倒进箅箕里，滤干水分。

郑大爷顺着浅沟挪动裹满淤泥的双脚，右手抓起种子，挥撒到苗床上。

　　播撒完种子，搭建白色塑料薄膜拱棚。大棚遮风挡雨，保温防冻，有利于种子发芽，同时保护种子不被鸟儿、鸭子、鸡和老鼠吃掉，不被雨水冲走。

清　明

4月4日，农历二月廿三。阴转小雨。气温12℃～18℃。日出时刻06：48，日落时刻19：22。今日清明节气，开始时刻21：34：58。从播种之日算起，今日是播种第5天。

清明节拥有双重身份，兼具自然与人文两大内涵，既是自然节气，反映自然界的物候气象变化，事关农业和农事活动，又演变为一个祭祀祖先、寄托思念的传统节日。在仲春与暮春之交，天地清明，一个庄重肃穆的节气，一个慎终追远的日子。我们的祖先将一年中悲伤沉痛的一天与明净怡然的一日重叠，希望活着的人们在春风春暖之时，不忘缅怀先人。

天亮之前，淅淅沥沥的小雨唤醒了最深邃的记忆，带来了润物细无声的生命感悟。人们遵循物候和时令，顺应天时地宜，一早动身出门，默默地奔走在湿漉漉的路上，令人想起唐朝诗人杜牧的诗句"清明时节雨纷纷，路上行人欲断魂"和韦庄的诗句"蚕是伤春梦雨天，可堪芳草更芊芊"。在芳草萋萋的山坡，上坟扫墓，烧纸焚香，供奉祭品，虔诚跪拜，祭奠祖先，感念恩德。一如宋朝诗人高翥的诗句呈现的景象："南北山头多墓田，清明祭扫各纷然。纸灰飞作白蝴蝶，泪血染成红杜鹃。"青烟袅袅，纸灰飘飞，沟通天地人间，连接阴阳两界，传递深切思念，唤醒家庭的共同记忆，增进对血脉亲情的认同和凝聚力，更加珍惜现在拥有的一切。长眠青山的至亲至爱，在永恒的静默中无声地凝视着你，既对你回来看望他们感到欣慰，又鼓励你走得更远。

祭祀结束，顺道踏青郊游，亲近自然，在浩荡春色中吐故纳新。正如宋朝诗人吴惟信描摹的画面："梨花风起正清明，游子寻春半出城。日暮笙歌收拾去，万株杨柳属流莺。"

阿香发芽了

4月5日，农历二月廿四。阴。气温13℃～18℃。日出时刻06：47，日落时刻19：22。播种第6天。

在薄膜拱棚内的苗床上，种子们生活到第6天了。种子们安静地躺在温暖舒适的泥床上，经历了几个多云天气，气温不低于12℃，最高气温达到了22℃。

这些天来，在拱棚内，种子经历了怎样的时光，发生了怎样的变化，种子彼此是知道的，种子身下的泥土是知道的，郑大爷也是知道的。郑大爷每天都要来揭开薄膜，观察种子发芽情况。从播种到发芽不能有丝毫闪失。没有遭遇低温天气，加之薄膜拱棚保温效果好，种子萌发的嫩芽挣脱种子皮的束缚，纷纷探出头来，生命的轮回悄然开始。一粒叫阿香的种子也在拱棚内。阿香将以怎样的萌芽姿态让我发现她呢？阿香会带给我怎样的惊喜？我期待着与阿香见面。

我跟着郑大爷，揭开塑料薄膜一角，压低身子，头部伸进拱棚内，观察种子发芽。郑大爷喜形于色。种子发芽了！所有种子在湿润的泥土上举着胚芽。稚嫩的胚芽还只有几厘米长，却长出了用来吸水和传送营养的根系。我茅塞顿开，一霎间真正理解了，这就叫生根发芽。我惊喜地发现，一粒种子像是在稚气乖萌、天真可爱地招呼我："我是阿香，我就是阿香呀！"毋庸置疑，这粒与众不同的种子就是阿香！毛茸茸的白色乳芽，细密的柔毛纤毫毕现，呈现出动人的生命经纬，恰似一束生命之光，亦如闪亮绽放的生命之花。阿香冲破黑暗，钻出谷壳，迎来了生命中的第一道光。这是生命之初最重要的一跃。一粒种子的生命轮回最激动人心的开端。

阿香初临世间，向光生长，掀开了生命的崭新篇章。

种子阿香发芽了！毛茸茸的白色乳芽，细密的柔毛纤毫毕现，呈现出动人的生命经纬，恰似一束生命之光，亦如闪亮绽放的生命之花。

阿香亭亭玉立

4月7日，农历二月廿六。小雨转多云。气温14℃～20℃。日出时刻06：45，日落时刻19：24。播种第8天。

春雨下了一天一夜，落英满地。天空放晴，春风冉冉，一切都在急于生长，无边春色醉人心魄。透过拱棚塑料薄膜依稀看到了淡淡的新绿。

夏天穿上软软的橡胶长靴，端着相机，下到秧田里。我脱下鞋袜，赤脚踉跄地踩进淤泥中，在苗床的排水沟里站稳，协助夏天拍摄阿香长出的新苗。揭开薄膜，满眼新绿，无数秧苗齐刷刷地冒出来了，密密的，细细的，像无数根绿色的针。阿香从芽鞘中抽出了第一枚嫩叶，笔直纤细，像一根绿色的针，亭亭玉立在湿润的泥土上。这枚绿叶只是叶鞘，还没有叶片，称为不完全叶。在直直的嫩苗上，布满了纤细的白色绒毛，粒粒水珠晶莹剔透，闪耀着纯净的光芒，焕发出生命的光彩。阿香朝着最完美的样貌向上生长，生命的质感熠熠生辉，展现出一种未来无可限量的动人姿态。

夏天俯身贴近大地，以最低视角，凝神屏息，通过镜头聚焦到阿香身上，仿佛趋近观赏水稻上万年的演化，窥探生命的奥秘，在古老中看见惊艳，谛听从一万年前传来的神秘的声音——最初将野生稻进行驯化的中国先民唱诵的原始歌谣。歌声织就荣耀。倾听，便可知晓先民传世的伟绩。夏天以最温柔的目光与阿香凝眸对视，听到了彼此的呼吸和心跳。一切最微妙、最美好的感动尽在不言中。我伫立旁边，以最大的安静，注视着夏天和阿香进行心灵对话。夏天明亮的眼眸闪烁着晶莹动人的万般柔情，以女性的细腻与柔软，让阿香感受到人间的真情与温暖。夏天用纤纤手指按下快门，定格纯净时刻，记录阿香最初的纯真年华。

在拱棚内，满眼新绿，无数秧苗齐刷刷地冒出来了，密密的，细细的，像无数根绿色的针插在泥土上。

阿香从芽鞘中抽出了第一枚嫩叶，笔直纤细，像一根绿色的针，身上的粒粒水珠晶莹剔透，亭亭玉立在湿润的泥土上。

‖ 鹅与翠鸟

　　郑大爷重新盖上薄膜，让阿香和小伙伴们在棚内安静地生长。我们起身正要离开秧田，突然传来一只鹅孤单的叫声。我扭头寻声望去，在身后水田一角，一只体形高大的大白鹅倔强地昂着脖子，扇翅嘎嘎大叫，嗓门响亮，神态自负，举手投足颇有胸怀天下的气度。然而，一成不变的叫声缺乏节奏变化，显得单调乏味，但声音铿锵，古老的叙事方式意味深长。

　　每次路过那个水田一角，总会惊动四只大白鹅嘎嘎鸣叫。它们仪容不凡，羽毛光洁，脖子修长，脑袋前面的大额头金黄饱满，走路大摇大摆，流露出不拘繁文缛节的优雅洒脱。大白鹅游水时，身后拖着一长串白花花的波纹，生动地描摹出优美的乡村一景。我谨慎地走过它们身边，提防它们突然拍翅扑来，以免遭到长扁喙的攻击。此时为何只有一只大白鹅出现在那里，其他三只鹅怎么不见了？就在纳闷时，一只翠鸟飞到大白鹅面前。翠鸟尾羽短促，喙细长尖利，头顶及背部的羽毛翠蓝发亮，飞行迅疾，像一道蓝色闪电掠过四月的田野。

　　翠鸟呼呼地拍打翅膀，悬停在大白鹅面前，彼此进行简短对话，谈论着阿香。大白鹅高昂着头，询问翠鸟："你知道阿香吗？""知道啊，昨天我在阿香身旁的排水沟里抓到了几只土狗子。"翠鸟朝着我和夏天努努嘴，反问鹅："那些人对阿香关怀备至，钟爱有加，你不嫉妒吗？""为何要嫉妒呢？阿香天生丽质，天真可爱，谁不喜欢她呀？"大白鹅从泥水里拔起一只脚，用力甩掉蹼上的稀泥巴，神色郑重地说："阿香植根于泥土，不事张扬，悄悄蜕变，默默生长，不舍昼夜。而你我是不是太过于游手好闲？我们应当在春天有所作为。"翠鸟满脸羞愧，当即转身，飞向秧田，捕食虫子。

翠鸟拍打着翅膀，悬停在大白鹅面前，彼此进行简短对话。

▍樱桃熟了

我们离开秧田，穿过花香满径的乡野小路，回到夏天爸妈居住的湖边。

清波潋滟之上，樱桃树上缀满樱桃。樱桃红了，每一颗红樱桃都自带光芒，像是一颗颗红宝石，在油亮的绿叶间夺目地闪烁。小英嗖嗖地蹿上树，出手不凡，左右逢源。我和夏天在树下接应，将一颗颗果肉饱满的红樱桃轻轻放进黝黑的大海碗里。红樱桃晶莹剔透，玲珑可爱，吟咏樱桃的古人诗句从心头跃然而出：赵彦端"绿葱葱。几颗樱桃叶底红"，晁补之"樱桃红颗压枝低"，蒋捷"红了樱桃，绿了芭蕉"，冯延巳"一树樱桃带雨红"，张祜"斜日庭前风袅袅，碧油千片漏红珠"。红樱桃，这是在春天里收获的最惊艳的成果。

之前随着樱桃逐渐成熟，鸟儿纷纷飞来啄食。为了保护樱桃不被鸟儿吃掉，夏天爸妈将绿色尼龙网罩在樱桃树上。这一招非常管用。鸟儿聚集在附近树上，垂涎欲滴，心急火燎地跳来蹦去，眼巴巴地望着红樱桃在枝叶间闪闪烁烁，为自己的黔驴技穷而捶胸顿足。

晌午时分，厨事妥当，佳肴满桌。刚从秧田回到屋里时，我看见夏天妈妈坐在厨房屋檐下，从青皮豆荚里剥出蚕豆，翡翠般的绿色，缀满春天的气息。面对一盘蚕豆凉拌折耳根，我俯身轻轻地翕动鼻子嗅闻香气，方才举箸品尝春天的味道。舌尖品尝的乡土风味，与大自然的土地共生，蕴含着人生珍贵的记忆和生命中的吉光片羽。

初春时节，我见证了樱桃树花开如云，蚕豆花似翩翩蝶舞。转眼间，樱桃和蚕豆都成熟了。阿香也由一粒沉睡的种子萌发出新芽，长成了幼苗。红樱桃果肉透亮，阿香苗壮生长，象征着生活的美好与希望。天蓝风清，在满目晴明里，不要懈怠，积极地跟着春天的步履向前走。

櫻桃红了，每一颗红樱桃都自带光芒，像是一颗颗红宝石闪闪发光。

出苗期

4月15日，农历三月初四。阴转小雨。气温13℃～18℃。北风3级。日出时刻06：36，日落时刻19：29。播种第16天。

郑家沟到处都是新生命，绿意盎然。从种子萌发开始，水稻的生长过程将先后经历出苗、分蘖、拔节、孕穗、抽穗、扬花、灌浆直至成熟等阶段。当下正值出苗期，大部分幼苗长出了两片嫩叶。

上午，郑大爷揭开苗床两头的薄膜进行通风和降温，增加棚内的氧气，保护秧苗在白天的高温下不烧苗，提高秧苗适应外界自然气候的能力。到了傍晚，重新盖严薄膜，保证秧苗在夜间低温下不受冻。俗话说，秧好一半禾，苗好七分收。见苗三分喜，有苗才会有丰收。育秧是水稻生长阶段的关键环节，秧苗的好坏直接关系到水稻的收成。

我们跟着郑大爷，揭开秧田拱棚两头的薄膜，露出了绿茵茵的幼苗，齐刷刷长势良好。阿香奋力向上生长的决心是惊人的。阿香像字母Y，展开一长一短两枚柔嫩的叶片，出落成一位曼妙少女，彰显出旺盛的生命力。在根部能看到金色谷壳和湿润泥土上的白色种子根。阿香知道我又来看望她，露出娇羞的微笑。阿香，你好！我挥手向阿香致意。轻柔的春风吹来，阿香轻轻摆动叶子，以生命的蓬勃律动回应我的问候。

一群鸭子煞有介事地在秧棚附近溜达，滴溜溜的眼珠觊觎着拱棚里的种子，伺机偷吃发芽的谷粒。鸭子们的一举一动，逃不过郑大爷明察秋毫的眼睛。郑大爷朝着鸭子大声吆喝，它们偷袭种子的意图昭然若揭，沮丧失意地嘎嘎鸣叫着，转身扑进空旷的大田，带着挫败感远离秧棚。

这株叫阿香的秧苗像字母Y，展开一长一短两枚柔嫩叶片，彰显出旺盛的生命力。

谷 雨

4月20日，农历三月初九。多云转小雨。气温16℃～18℃。东南风2级。日出时刻06：32，日落时刻19：30。今日谷雨节气，开始时刻04：33：14。播种第21天。

谷雨寓意雨生百谷。庄稼天然依赖雨水。谷雨时节，雨洗纤素，农作物苗壮生长。谷雨，这个殷实、湿润又诗意的节气，令我想起唐宋诗人的诗句，比如王贞白的"谷雨洗纤素，裁为白牡丹"，齐己的"春山谷雨前，并手摘芳烟"，崔国辅的"桃花春欲尽，谷雨夜来收"，曹勋的"乍过夜来谷雨，盈盈明艳惹天香"，范成大的"谷雨如丝复似尘，煮瓶浮蜡正尝新"。

红光村为数不多的农民都在田地里劳作，背影沉寂。坡地上，已收割的部分油菜籽秸秆一捆一捆地倒放在地里。蚕豆角和豌豆角饱满成熟。豇豆和四季豆作物已然插竿，牵引触须和藤蔓向上攀缘。湖边的李子树，繁花早已谢尽，枝叶间结满绿宝石般的青青果子。时晴时阴，天气变化捉摸不定。风贴着苗尖逡巡。三声杜鹃清脆地鸣叫着，飞过变幻不定的天空。

适时揭膜是一项关键的管理措施。揭膜过早，外界气温与棚内气温的温差过大，影响秧苗正常生长。揭膜过晚，会导致棚内温度过高，引起秧苗突长，不利于培育多蘖壮秧。通常先揭开拱棚两头的薄膜，再逐步增加和扩大拱棚的通风口，让秧苗适应温差变化。经过3至4天的适应，方才揭掉全部薄膜，拆除拱棚。

昨天，郑大爷将五厢秧田的薄膜拱棚全部拆除了，绿茵茵的苗床直接袒露面对天空和飞鸟。令人欣喜，阿香长出了三片叶子，正伸出第四片新叶。这位清纯少女生逢其时，天赋显而易见，带着一身的诗意，光芒闪耀，享受着成长的快乐，绽放出生命中的美好。

拆除拱棚之前。

拆除了拱棚。

秧苗阿香长出了三片叶子，正伸出第四片新叶。

三声杜鹃与蝴蝶

　　暮春时节，风在万物之间穿梭，树冠招展，枝叶颤动，青草起伏，鸟儿羽毛凌乱。乌云被风吹散了，天空变得晴朗起来。一只鹰鹃，即三声杜鹃，当地人叫阳雀，俨然成了郑家沟的主角，号角般的鸣叫声在空中响起，很像是在大声喊叫"李贵阳，李贵阳……"。嗓音清脆响亮，穿云裂石，穿透宁静的空气和大地的呼吸，撼人心魄，彻底唤醒了整个郑家沟。

　　三声杜鹃一向行踪飘忽不定，一会儿在屋后的高枝上呼喊，一会儿疾飞越过田野从对面的山坡发出鸣叫。声声响亮入耳，带着一丝难以言状的悲戚，给人一种辽阔、悠远又凄凉万古的沉郁之感。三声杜鹃以一己之力，扩大了郑家沟的空间感，主宰着郑家沟的天空，统领了其他鸟鸣和虫子的吟唱。在叫声停顿的片刻宁静中，在我的耳边隐约回响着来自远古的呼唤和哀伤的神秘余音，不禁慨叹，伤怀暗涌。三声杜鹃时而大声鸣叫着飞过我的头顶上空，奇怪的是，我驻足仰头望酸了脖子，也没有发现它的身影。

　　我小时候听舅舅讲过三声杜鹃——阳雀——的故事。一个悲伤的民俗故事。据民间传说，李贵阳和李贵阴为同父异母兄弟。李贵阳五岁那年，母亲张氏不幸病故。父亲续娶刘氏。不久刘氏生下一子，取名李贵阴。后娘刘氏经常虐待和打骂李贵阳。李贵阳十分想念亲娘，跑到山上日夜啼哭，不幸葬身于狼腹。弟弟李贵阴，正直善良，上山寻找哥哥，满山遍野呼喊哥哥的名字，如泣如诉，直至筋疲力尽，吐血而亡，化作了一只阳雀。每到阳春三月，阳雀翻山越岭，四处寻找，不断大声呼喊着"李贵阳、李贵阳……"。这个故事在我幼小的心灵中播下了一颗善良的种子——善良做人，慈悲为怀。心存善念，万物美好。

　　三声杜鹃的叫声，触动了一只蝴蝶的心灵。这只蝴蝶听出了三声

三声杜鹃的叫声触动了一只蝴蝶的心灵，蝴蝶飞舞到三声杜鹃面前表达关切。

杜鹃的叫声里不同寻常的凄恻余音。蝴蝶怀着悲悯之心，飞舞到三声杜鹃面前，同情地表达关切："你就是那位心地善良的弟弟李贵阴的化身吗？至今还在四处苦苦寻找同父异母的哥哥李贵阳么？"

"那是古人强加给我们的故事啊。我的祖祖辈辈一直沉重地背负着这个悲伤的传说。"三声杜鹃沉吟片刻，像积攒着力量似的，瞳孔里闪烁着宽容的光亮，"然而我们从不抱怨，从不计较个人荣辱，也从未在春天里缺席。在春耕播种的时节大声鸣叫，这是我们的责任和使命啊。我有义务催促人们紧追时令，抓紧时间下田劳作，切莫辜负大好春光！"

发出"布谷布谷"叫声的大杜鹃——布谷鸟，发出"李贵阳"三音节叫声的三声杜鹃——鹰鹃，发出"豌豆苞谷"四音节叫声的四声杜鹃——子规鸟，都是春天里的伟大歌者，最杰出的乡村灵魂歌手。它们独特的叫声穿越古今，至今不绝于耳，清脆动人的啼啭中所承载的乡土记忆和连绵乡愁，深深地镌刻在那些曾经在乡村生活过的人们的心灵深处。

阿香长成了一株茂盛的秧苗

4月30日，农历三月十九。晴转多云。气温20℃～30℃。西北风2级。日出时刻06：20，日落时刻19：38。播种第31天。

天气阴晴转换，物候变化，节气更迭，牵动着每一个庄稼人的心。

今日温暖的阳光驱动春天向着初夏推进。山坡、田野次第绽放的野花，继续为昆虫奉上琼浆玉液。蜜蜂的嗡嗡声不绝于耳，这些足智多谋的精灵，彼此进行着信息的传递和不为人知的对话。

经过几番春风春雨，秧田里的秧苗顺理成章地进入分蘖期。每株秧苗都分蘖出了两到三个甚至更多的侧枝。分蘖中的秧苗越长越旺盛，越来越密集，摩肩接踵，碧绿嫩翠的叶片相互耳鬓厮磨，一派绿茵茵的蓬勃景象，预示着一年的收成在望。秧田里传递着一个激动人心的讯息，再过几天，大规模的插秧就要开始啦！

秧田绿意盎然，阿香身在其中。冥冥之中注定了我和阿香的缘分。在浓密的秧苗中，我辨认出了阿香。我与阿香的相遇，绝非无缘无故。所有相通的心灵终将相遇。阿香分蘖出了三个侧枝，一根独苗苗神奇地繁衍成一苑茂盛的秧苗。阿香像是亭亭玉立的美少女，暖眸里阳光映照，一身清朗，浅浅微笑，仿佛在微风中天真地晃动着小辫子，尽情地舒展腰肢，闪耀着生命的光华。阿香拥有一颗纤尘不染的心灵，身上的一切保持着最自然的美。这是大地滋养出的生命奇迹。这是时光带来的惊喜。在我看来，阿香是有表情的。只要心细如发，推心置腹，就能与阿香进行心灵对话。

秧苗阿香分蘖出了三个侧枝，由一根独苗苗神奇地变成了一蔸茂盛的秧苗。

（肆）

初
夏
插
秧

雨后的早晨，气序清和。大田里，插秧繁忙。"手把青秧插满田，低头便见水中天"，"一把青秧趁手青，轻烟漠漠雨冥冥"。以谦卑之态，俯身弓背，右手指捏着秧腰，将秧苗插入泥水中，缓慢移动的云朵和插秧人的倒影在水里重叠，忽而碎散，忽而合拢，在眼前幻化动荡。湿漉漉的呼吸，泥水和秧苗的气味，汗湿衣襟，沾满淤泥的双手和双脚礼赞大地。

白水明田外，碧峰出山后。

农月无闲人，倾家事南亩。

——[唐] 王维《新晴野望》

农事催人未遽央，种秧未了插秧忙。

——[宋] 赵蕃《自安仁至豫章途中杂兴十九首》

▌立 夏

5月5日，农历三月廿四。阵雨转中雨。气温15℃～20℃。东南风2级。日出时刻06：16，日落时刻19：41。今日立夏节气，开始时刻14：47：01。播种第36天。

清晨出发，天空下着雨，在中和镇上接到夏天的妹妹郑莉，我驾车经过中和中学围墙脚下的河边公路，驶入泥泞乡道，潮湿的绿色，深深浅浅成片迎面扑来。曲折的乡村公路引领车轮穿行于被雨水湿透的宁静田园，前往夏天的父母家和阿香生长的秧田。开始大规模收割油菜籽了，割好的油菜成捆成捆地放在地里。不时看到戴着斗笠的农民扛着农具，沉默地走向田间地头。

绕过湖边的弯道，我一眼就看见小苹果站在屋檐下，面朝车头，欢快地摇摆尾巴。刹车熄火，正纳闷，小苹果为何不跑过来迎接我们呢？我推开车门，撑开雨伞，双脚刚够着雨水地面，小苹果狂奔过来，沾满稀泥的前爪搭在我的右脚裤腿上，刨出了凌乱的黄泥渍印。我还未来得及腾出手抚摸小苹果的头，小苹果转身扑向小英，不管三七二十一，在她身上一阵乱蹭，表达难以言状的激动。欣喜与激情在它的胸腔里猛烈搏动。我明白了，小苹果精心设计了一种既符合下雨天，又不同于以往的欢迎仪式。这是小苹果给予我们最隆重的礼遇。

狗是人类最好的朋友。狗通人性，亲热人、理解人类的行为能力是与生俱来的，比我们想象中更聪明。狗是第一种由人类驯化的动物。人类和狗一起演化、狩猎和生活，相伴相守走过了约15000年的漫长旅程。在广袤的中华大地上，狗见证和经历了中国先民将野生稻驯化为栽培稻这一伟大的农业革命的发生与发展。人和狗亲密相处的时间如此久远，这就是人和狗之间的沟通、理解和情感远超过其他动物的原因。狗最宝贵的品质,体现在对人流露出的无限热爱和最真心的恒久不变的忠诚,最能体贴人的情感,最能让我们感受到什么是真正的纯粹的爱,明白爱的本质。从狗的身上能折射出人性善良的一面。狗热情洋溢地冲人摇头摆尾,披肝沥胆,发自内心地表达最热烈、最真挚的感情,永远温柔地触动着我的内心。

小苹果是夏天爸妈养的小花狗,性情温和,诚恳朴实,懂得珍惜人间真情,常常让人毫无预防地备受感动,使人心里充满柔情。小苹果清澈的目光中倒映着暮春的莺歌燕舞和初夏的草木葱茏。每次绕过湖边弯道,刚露车头,第一眼总会看见小苹果摇摆尾巴,兴高采烈地小跑过来迎接,激动万分地在脚边蹦来蹦去。而每次离开这里,小苹果要么小跑在车尾扬起的烟尘里护送一程;要么神情落寞地蹲坐地上,眼巴巴地望着车子驶向遮挡视线的弯道。

春尽之日,气温竟然有些偏低,我们穿上了夏天父母拿出来的衣服。我跨出面临湖水的屋门槛,看见两只乌黑母鸡各自带领一群小鸡仔在觅食。小鸡仔们活泼可爱，叽叽喳喳，叫声细碎。母鸡低头翘尾，脚掌用力后刨，总能神奇地刨出食物来。母鸡一旦发现食物，咯咯地发出召唤，小鸡仔们争先恐后蜂拥而至，抢着啄食。若是听见异响或发觉到危险，小鸡仔们争相钻进母鸡的腹下躲避。母鸡警觉站定，张开双翅，紧紧庇护着儿女们。两只母鸡都很了不起，家庭人丁兴旺，子女健康。我用含笑的目光，由衷赞美悉心照料孩子的伟大母爱。

我走到湖边的李子树下。李子明显又长个头了，带着晶莹露珠挂在被雨水淋湿的绿叶间。每次来到这里，我都要观察李子树的变化，坐在树下感受轻风拂面，凝眸潋滟波光，任凭鸟啼虫鸣灌耳，被草木、湖水和清风包围的环境令人心安。旁边的樱桃树，绿叶浓密披岸，翕蔚氤氲，在奉献出了全部红宝石般的珍贵果实之后深陷沉寂。枇杷树上，枇杷的果皮在五月之初的熏风中赢得黄袍加身，可以摘下来吃了。在牵牛纤细的藤茎上，开出了喇叭状的白色花朵，最起眼的两只喇叭花，朝着宽阔的湖面广而告知：立夏了，插秧时节到啦！

夏天爸妈家养的小花狗名叫小苹果，性情温和，诚恳朴实，懂得珍惜人间真情，发自内心地表达最热烈、最真挚的感情，永远温柔地触动着我的内心。

在牵牛纤细的藤茎上，开出了喇叭状的白色花朵，仿佛在广而告知：立夏了，插秧时节到啦！

‖ 插秧忙

郑家沟的春天转瞬即逝。在立夏的日子，我冒着小雨走进红光村。一畦畦水田里，有人挥舞锄头挖碎泥块；有人使用简易的耙耱将浸泡过的泥块压碎和耙平；有人在耖田，就像梳子梳头，把水田耖一遍，把泥面耖细耖平；有人在施肥，有人在绿油油的秧田里拔秧苗，有人俯身弯腰插秧。插秧是一年中最重要的农活之一。耽误插秧，就意味着耽误秋天的收成。

目前，我国水稻、小麦和玉米这三大主粮生产已基本实现全程机械化作业，综合机械化率均超过80%，农作物耕种收综合机械化率达到71.25%。但是在郑家沟并没有采用现代化的耕田机和插秧机。并非租不到现代化的机械，而是这里的农民更愿意延续传统耕作方式。农民头戴斗笠，仍旧操持着笨拙的传统农具，遵循古老的耕、耙、耖的耕作工序，起早摸黑在田间忙碌。累了，直起腰，歇息片刻，擦一把汗，手上的淤泥便留在了额头上。

将秧田里培育好的秧苗移栽至大田中，俗称插秧。水稻秧苗达到适宜秧龄就要及时移栽，移栽时机要准确。秧苗移栽方法主要有人工插秧、机械插秧和抛秧。机械插秧是效率最高的插秧方式。采取育秧移栽技术，使秧苗在大田里保持适当间距，给禾苗生长和分蘖留出足够的空间，有利于改善田间通风透光条件，增加植株有效受光量，增强水稻光合作用。

微风徐徐吹拂，雨丝斜斜落下，无数雨点凌乱地打在大田里薄薄的水面上，激起无数个小泡泡。"立夏不下雨，犁耙高挂起"，"立夏无雨，碓头无米"，这些流传很久的农谚俗语强调立夏的雨水是很金贵的，直接影响到日后的收成。农忙时节没有悠闲的人，庄稼人趁着雨水天气抓紧插秧，一幅"青箬笠，绿蓑衣，斜风细雨不须归"的唐诗意境画卷。

吱拗吱拗的挑担声吸引了我们的目光。一位中年妇女头戴草帽，肩挑秧苗，赤脚行走在起伏不平的田埂上，清晰的倒影在水中同步移动。她面色红润，身姿丰盈，精力旺盛，身穿以大红为主色调的衣服，既体现朴素的审美追求，又图个吉利，祈愿风调雨顺。这位红衣妇女浑身散发出对美好生活的热烈向往，在亮汪汪的水田、碧绿的秧苗和初夏草木的映衬下，以喜气洋洋的姿态，全力以赴，投身田间劳作。红衣妇女发现我们在看她，突然爆发出爽朗响亮的笑声，在田野上空清晰回荡。一霎间，云开日出，花枝招展，天地喜悦。

　　在春雨霏霏中飞来两只燕子，一对恩爱情侣，穿过雨线的间隙，低空追逐，亲昵互动，欢唱着生命与爱情之歌。燕子身姿矫健，活泼无畏，长尾与后掠的翅膀灵巧地在稻田上空划出飞翔的剪影，轻快地发出啁啁啾啾的鸣叫。边飞行边捕食虫子，喊喊喳喳地彼此呼唤。谈情说爱，生儿育女，正逢其时。家燕亲近人类，与农家共度春夏。

在秧田里，雨后的秧苗绿油油的。

农民在大田里挥舞锄头，挖碎泥块。

农民在大田里耖田，将泥面耖细耖平。

一位中年妇女头戴草帽，肩挑秧苗，赤脚行走在田埂上，倒影在水中移动。

两只燕子身姿矫健，穿过雨线，亲昵互动，边飞行边捕食虫子。

白 鹭

上午11点，雨停了，天空亮开了。三声杜鹃在树梢上执拗地高声叫喊"李贵阳"，一声紧似一声，言辞恳切、苦口婆心地规劝和催促人们，趁着雨后舒适的天气，抓紧时间耙田、耖田、拔秧和插秧。秧苗不宜移栽过晚，否则秧苗根系发生缠绕，导致不易分秧。

今天阿香会被移栽到大田里吗？我沿着田埂走向秧田。一只白鹭徘徊在秧田旁边，观赏丰茂拥挤的秧苗。它也在关心阿香何时被移栽吗？我趋近秧田，白鹭展翅一跃而起，挥动洁白的弓形双翅，背朝天空，胸脯鼓胀，华丽的羽毛泛起涟漪，心跳加快，御风飞过田野上空，两眼俯瞰着双翼之下的大地胜景，不错过每一块农田、每一片山坡和每一处隆起的山丘。白鹭端庄娴静、轻盈无声地落脚到更远的水田里，优雅地收拢翅膀，高贵地立于田坎上。

在秧田里，雨后的秧苗绿油油的，万千翠绿的叶片上挂着晶亮的水珠，生命蓬勃有力。"什么时候插秧啊？"我询问正在大田里耖田的郑大爷。"还要等个把星期哩，我们播种的时间比人家晚了好些天咯。"郑大爷直起腰，不慌不忙地说，"我还腾不出手来，耖好田后，把坡地的油菜籽收割了，还要把花生和晚苞谷播种到地里，过一阵才有时间插秧。"

望着阿香生长的秧田，我没有下田去打扰阿香和她的小伙伴们，让阿香平静地在秧田里度过秧苗阶段的最后时光。在移栽阿香的日子，我会再来这里，亲眼见证阿香乔迁至何处，记住她安家落户的具体位置，观察她以怎样的姿态迈入生命中的新的篇章。

一只白鹭徘徊在秧田旁边，怡然自得地观赏丰茂拥挤的秧苗。

‖ 稻谷播种后第40天

5月9日，农历三月廿八。多云转小雨。气温22℃～31℃。北风2级。日出时刻06：13，日落时刻19：44。播种第40天。

正值油菜籽成熟时节，不抓紧时间收割，一旦遭到暴风雨的蹂躏，就会导致沉甸甸的油菜秸秆成片倒伏，成熟的角果容易爆裂，菜籽弹出，凌乱散落地里，造成菜籽收成的损失。

郑大爷屋前的无花果树枝繁叶茂，绿色葱茏，散发出沁人心脾的叶绿素气味。两位老人忙着操持农务。对于当下农活的轻重缓急，郑大爷心里有数。收割油菜籽是当务之急，还要尽快把花生和晚玉米播种到地里。这些农活使得郑大爷插秧比其他人家推迟了数天。

初夏的清风，吹送着从秧田散发出的温暖的味道。这几天，郑大爷忙着插秧前的一些田间农活。给秧田追施了化肥，插秧之前3至4天施肥，有利于插秧后及时返青，提早分蘖；给秧苗喷洒了农药，预防潜叶蝇的发生；给插秧前的大田，撒了磷酸二铵做基肥。磷酸二铵是一种低氮高磷的复合肥料，用在缺磷的土壤里后，可以获得明显的增产效果。还给大田里灌溉了一些水，既便于插秧，又使插秧后保持一定的水层，起到护苗返青的作用。

隔壁邻舍的秧苗已安家落户到大田里了。阿香和她的小伙伴们至今还滞留在秧田里。她们齐齐翘首，向往映照着天光云影的大田，但是并不催促郑大爷撂下手头的活儿。她们都沉得住气，耐心地等待着郑大爷腾出手来。阿香心里明白，移栽的日子就要到来了。

秧田里长势良好的秧苗。

‖阿香迎来了移栽的日子

5月15日，农历四月初四。多云转阴。气温18℃～27℃。东北风2级。日出时刻06：08，日落时刻19：48。播种第46天。插秧第1天，即阿香被移栽的第1天。

从早晨开始，一只三声杜鹃不知疲倦地引吭高歌，急急忙忙往返于阒寂的天空，在大地上投下迅疾飞过的黑色身影。它要在今日之内通知所有村庄，催促人们尽快把所有秧苗移栽到大田里。插秧最后的好时光丝毫耽搁不得，否则会影响到今年的收成。

涂大娘躬身秧田，一株一株地拔起秧苗，将手中满把的秧苗在浑浊的水里蘸一蘸，抖一抖，洗掉根须上的泥巴，用稻草扎成捆，放进秧盆里，再运往大田。拔秧是小心活儿，若是拔坏了一根秧苗，损失的是一兜水稻，减少一碗米饭。大田里，郑大爷弯腰曲背，一步一步地倒退着，把一株一株秧苗插进泥水里。他边插边退，稻禾的面积在不断扩大。

若要快速恢复秧苗长势，确保发根好、返青快、早分蘖，插秧时要做到浅插、插直、插稳，并且插均匀。既要浅插，又要插得稳，不浮秧。浅插能促进分蘖节位降低，早生快发。株距要均匀，每穴的苗数也要均匀。秧苗之间要保持适宜的株距和行距，给禾苗生长和分蘖留出足够的空间，保证水稻受到充足的阳光照射，提高水稻光合生产率。每插完一块大田，还要耐心地检查一遍，将倒伏、歪斜的秧苗扶正，把漂浮的秧苗重新插好。

大田里，插秧繁忙。"手把青秧插满田，低头便见水中天"，"一把青秧趁手青，轻烟漠漠雨冥冥"。我以谦卑之态，俯身弓背，左手握秧捆，右手指捏着秧腰，将秧苗插入泥水里。天上缓慢移动的云朵倒影在泥水中，与我的倒影重叠，忽而碎散，忽而合拢，在眼前幻化动荡。湿漉漉的呼吸，泥水与秧苗的气味。汗湿衣襟，沾满淤泥的双手和双脚礼赞大地。

涂大娘躬身秧田，一株一株拔起秧苗，用稻草扎成捆，放进秧盆里。

郑大爷弯腰曲背，一步一步倒退着，把一株一株秧苗插进大田里。

人们在大田里插秧。

阿香移栽到了大田里

绿油油的秧苗密密匝匝，长势喜人。微风吹来，秧田里层层绿色细浪柔软地起伏。阿香分蘖生长成一蔸漂亮的秧苗。夏天端着相机，记录阿香在秧田里度过的最后时光。阿香和小伙伴们在秧田里一起生活了45天，马上就要乔迁新居，分散入住到五块大田里。

阿香迎来了移栽时刻。涂大娘从秧田里拔起阿香。阿香真是一蔸好秧苗啊！我们护送阿香来到大田。郑大爷的大女儿郑伯菊以仪式般的姿态，笑盈盈地迎接阿香入场，亲自为阿香选定插栽的位置，温柔地将阿香稳稳当当地插进淤泥里。

阿香落脚到大田里了。我细致观察阿香有何变化。阿香安之若素，静静伫立，白色根须暴露在外，吸收天地灵气。阿香完成了从郑大爷的手中撒播落地，到发芽、出苗、秧苗分蘖，被移栽到大田的这部分生命履历。阿香将在大田里迈向成年的旅程，迎来大放光彩的美好年华，顶天立地地书写自己的诗篇，和众多稻禾一起，昂扬向上，一路攀高，彼此照耀，不舍昼夜，以势不可挡的力量奔向金色秋天。

这是一个令人振奋的重要日子。我面对阿香，默默地说：阿香，你在这里好好地生长。我会经常来看望你，直到秋天收割的那个金色节日。小英也说了一段致阿香的话："阿香，3月31日那天，我第一次见到你时，你还是一粒普通的种子。播种后的第6天，你冒出了白色乳芽，芽尖挂着晶莹剔透的小水珠。之后我多次来看望你，生怕错过你的每一个成长期。每次见面，你都令我惊喜。你伸长出多片叶子，一次次分蘖，奋力生长的速度实在是惊人。因为你，我没有错过之前的每个节气，学会了让温柔的目光多在细微处停留。你让我懂得了，凡事都要有耐心、毅力和坚持。阿香，我为你骄傲，最美好地祝福你！"

挑往大田的秧苗，随即插在大田里。

秧苗阿香插进了大田里，静静伫立，白色根须暴露在外，吸收天地灵气。

‖ 阳光照耀插秧的日子

插秧进入尾声，大田里的绿色连成了片。阿香移栽到大田后，郑伯菊微笑地说，放心吧，秧苗都插好了。

我们回到湖边的住地。夏天妈妈精心烹饪出满桌美味佳肴，围桌坐下，我还未举箸动筷，已口涎四溢，胃口大开。一席家宴，散发出夏天姐妹最熟悉的家的味道，凝结着家人坚不可摧的深厚亲情，饱含主人待客的盛情和敬意，诠释烹饪者对家乡食物魅力的深刻理解，彰显精湛的厨艺和秘而不宣的生活智慧。插秧日子的午餐空前盛大，祝贺阿香和稻秧们乔迁新居，同时也隆重犒劳光荣的劳动者。在相劝殷勤和舌尖味蕾的欢乐中，提醒我们在富足的日子不要忘记灾荒和饥饿，不要有丝毫的懈怠和懒惰，应努力而勤奋地投身劳作。

午后两点，我坐在李子树下小憩。某一刻，太阳一鸣惊人，阳光异常明亮。多云的天空迅速变得一碧如洗，无尽地铺展明净光滑的海蓝。葳蕤绿叶随风摇摆，灼灼闪亮。在屋前屋后的树梢上，在湖水对岸的树林里，鸟儿们的身体内激荡着荷尔蒙，迸发出空前的热情，争相以最佳水准展露歌喉，清脆悦耳的鸣啭宛如五光十色的宝石从高空抛撒下来，叮叮当当，大珠小珠落玉盘，在镜子般的水面激起涟漪。一只羽毛未丰、初涉世事的小鸟飞来落脚近在咫尺的树枝上初试啼声，好奇地看了我一眼，便慌张地飞走了。过了片刻，取代小鸟落停在相同枝条上的是一只画眉鸟。画眉鸟近在咫尺为我歌唱，营造出一段妙不可言的时光，既真实又梦幻。突如其来的惊喜，是这个插秧日子赐予我的礼物。鸟儿是大自然的杰出歌手，唱出的每一个音符都是奇迹。每一只鸟儿都在为我歌唱，呼应空气中五月的期许。

聆听了鸟儿们天籁般的鸣叫，我起身到夏天妈妈的菜园里转悠。四季豆、茄子、辣椒、西红柿都体面风光地挂出了初夏的成果，赏心悦目。满园瓜蔬引来蝴蝶飞舞，蜻蜓起落，蜜蜂嗡嗡嘤嘤，鸟儿飞来飞

枇杷熟了。枇杷已然黄袍加身，土生土长的枇杷树结出的果实个头不大，但果肉甜味纯正。

去。四季豆抢先一步登上了中午的餐桌。豇豆、丝瓜、南瓜藤和冬瓜藤的步履迟缓一些。丝瓜藤慢吞吞地攀缘竹竿。匍匐爬行于大地的南瓜藤上，一朵初开的嫩黄花朵满不在乎，六亲不认，口无遮拦：争先恐后的显摆是多么的幼稚可笑，我倒要看看往后谁长出的果实的个头最大，最终还得靠拿出最有分量的成果说话呢。

枇杷熟了。土生土长的枇杷树结出的果实个头不大，但果肉甜味纯正。黄花菜开花了。记得在雨水节气那天，黄花菜还只是数片嫩叶，弯弯叶尖驻停一粒水珠。那时的阿香，还是一粒尚未苏醒的种子，在沉睡中等待春耕播种的日子。如今黄花菜丛分外茂盛，一根根笔直的茎秆高高地举着盛开的橘红色花朵，状如喇叭。阿香也脱胎换骨，长成了绿油油的秧苗，已被移栽到了大田里。一粒种子与节气、与物候、与时间的秘密昭然若揭。

枇杷的金黄和黄花菜花的橘红色寓意美好，象征着新农村的日子越过越红火，乡村振兴是一条金色的康庄大道。下午四点半，在最为澄明的阳光照耀下，小英和夏天采摘的黄花菜花堆满一筥箕，朵朵新鲜亮丽，散发出暖烘烘的扑鼻馨香，映红了美丽的脸庞。小英满怀喜悦地期待着炊烟升起："今晚吃黄花，炒一份，煮汤一份，完美！"

当天返回成都后，晚上我收到了夏天写给阿香的一段文字："我开车在返回成都的路上，远远看见五月的夕阳，正向着龙泉山脉的逶迤峰巅滑落下去。在这个宏伟瑰丽的镀金时刻，当落日由衔山到即将完全沉入群山背后的瞬间，我想起了你——阿香！我又看见了你那澄明而晶亮的眼神和皎洁的脸庞绽放的生命光彩。我心里涌起一股暖流，眼角湿润。阿香，我要大声地对你说声谢谢。谢谢你让我更爱泥土、庄稼、清晨和黄昏，谢谢你让我有了更多的机会站在田埂上，和你一起仰望天空，同时让我懂得谦卑地向大地弯腰和低头。"

黄花菜花堆满一筲箕，朵朵新鲜亮丽，散发出暖烘烘的扑鼻馨香。

小　满

5月21日，农历四月初十。小雨。气温20℃～24℃。东风2级。日出时刻06：05，日落时刻19：52。今日小满节气，开始时刻3：36：58。播种第52天。插秧第7天。

小满时节，麦田遍染饱和的金铜色，大地呈现出温暖的色彩。麦穗颗粒饱满，收割在即。

忙碌的插秧时节过去了。秧苗移栽到大田，根系受到了损伤，需要5至7天进行恢复。当禾苗的根系萌发新根，地上部分便开始生长，进入返青期。多亏在插秧后的这7天当中，下了几场好雨，大田满水，稻禾都成活返青了，一片片新绿横空出世，呈现出"新秧初出水，渺渺翠毯齐""新秧出水面，已作纤纤绿"的诗意。绿色稻禾铺陈整块整块的稻田，铺陈出丰收的希望。阿香在开阔的大田里站稳了脚跟，伸展新叶，一寸一寸地长高，欣欣向荣。

在田埂上，一只公鸡领头，另一只公鸡殿后，双腿挺直，步伐英武，威风凛凛地保护着四只正当好年华的母鸡，安全无虞地踏歌而行，足音铿锵入耳，一起巡查和守护稻田。这群公鸡母鸡知晓故乡的意义，熟悉这片大地的脉络、肌理和气息，懂得享受世俗生活的无穷乐趣。

三只小鸭像追星族，整天盘桓在阿香身边，嘎嘎地为阿香歌唱。阿香和小鸭尊重彼此的生活习性，相守相望，彼此呵护，共度夏日时光。稻田为鸭子提供了遮蔽烈日的阴翳空间。鸭子在水稻之间活动，捕吃虫子，啄食杂草和水生浮游生物，既能够显著减轻虫、草、病对水稻的危害，还可通过长扁嘴和脚掌反复耕耘淤泥、搅动浊水来刺激稻禾生长。鸭子的排泄物为水稻提供优良的有机肥料。稻鸭种养结合，形成了一种彼此获益的复合生态系统。

稻禾已返青，呈现出良好的长势，阿香欣欣向荣。

　　一群公鸡母鸡在田埂上行走。它们知晓故乡的意义，熟悉这片大地的脉络、肌理和气息。

　　三只小鸭盘桓在阿香身边，嘎嘎地为阿香歌唱。稻鸭种养结合，形成了一种彼此获益的复合生态系统。

先生之风，山高稻长

5月22日，农历四月十一。阴转小雨。气温17℃～25℃。北风6级。日出时刻06：04，日落时刻19：52。播种第53天。插秧第8天。

这几天数次间歇下雨。昨晚还电闪雷鸣。持续降雨，有利于稻田蓄水。上午，雨停了，天空看似就要亮开了，仅过了半小时，乌云重新聚集，天地间的光线更加阴郁。

吃了午饭，夏天起身领头，前往稻田看望阿香，正行走在乡间小路上，突然传来噩耗，就在刚才，13时07分，"杂交水稻之父"袁隆平老先生因多器官功能衰竭，医治无效，在湖南长沙中南大学湘雅医院逝世，享年91岁。众人沉默。风声悲戚。夏天妈妈深深叹息，声音低沉地说："唉，他至少应活到100岁啊……"

乌黑的积雨云团迅速凝聚，重压头顶，雷鸣电闪的威胁正步步逼近，一场悲伤的大雨从天而降已不可避免。倏然间，六级北风裹挟着纷乱不安的雨点扫掠稻田，青青稻禾纷纷弯腰，苗尖低垂，传递哀思，天地同悲。在呜咽的风声雨声中，由远及近，隐隐约约传来了袁隆平对母亲最深情、最感人的心灵告白——袁隆平写给母亲的信《妈妈，稻子熟了》：

稻子熟了，妈妈，我来看您了。本来想一个人静静地陪您说会话，安江的乡亲们实在是太热情了，天这么热，他们还一直陪着，谢谢他们了。妈妈，您在安江，我在长沙，隔得很远很远。我在梦里总是想着您，想着安江这个地方……

妈妈，每当我的研究取得成果，每当我在国际讲坛上谈笑风生，每当我接过一座又一座奖杯，我总是对人说，这辈子对我影响最深的人就是妈妈您啊！……他们说，我用一粒种子改变了世界。我知道，这粒种子，是妈妈您在我幼年时种下的！

稻子熟了，妈妈，您能闻到吗？安江可好？那里的田埂是不是还留着熟悉的欢笑？隔着21年的时光，我依稀看见，小孙孙牵着您的手，走过稻浪的背影；我还要告诉您，一辈子没有耕种过的母亲，稻芒划过手掌，稻草在场上堆积成垛，谷子在阳光中毕剥作响，水田在西晒下泛出橙黄的味道。这都是儿子要跟您说的话，说不完的话啊……

妈妈，稻子熟了，我想您了！

风声呼呼，大雨哗哗落下。山河同哀，缅怀伟大，齐声颂扬：先生之风，山高稻长。"让所有人远离饥饿，让天下人都有饱饭吃"，这是袁隆平毕生奋斗的目标，一生大胆探索，致力于杂交水稻科技创新，不断超越，追逐梦想矢志不渝、永不停息。袁隆平用一粒种子改变世界，造福人民，为我国粮食安全、世界粮食发展作出了重大贡献。一稻济世，万家粮足，温暖天下。虽然袁隆平离开了这个世界，但是他的精神如炬，功勋永存。袁隆平那朴实而伟大的肖像永远镌刻在祖国的大地上和老百姓的心中。

1996年9月18日，位于河北省兴隆县的中国科学院国家天文台兴隆观测站，发现了一颗小行星，临时编号为"1996 SD1"，其中的"SD"正好是中文"水稻"的汉语拼音首字母。1999年10月，国际天文学联合会决定，经国际小天体命名委员会批准，这颗永久编号为8117的小行星被命名为"袁隆平星"（8117 Yuanlongping），以表达对"杂交水稻之父"袁隆平的敬意。

在浩瀚的星空中，"袁隆平星"熠熠生辉，永恒闪耀。

大田里秧苗返青，变化明显，长势良好。

‖水稻分蘖的势头喜人

5月25日，农历四月十四。阴转小雨。气温17℃～22℃。东南风6级。日出时刻06：03，日落时刻19：54。播种第56天。插秧第11天。

清新湿润的早晨，微风掠过雨后的稻田，一片宁静祥和，又生机勃勃。稻田变化明显，水稻的生长快要淹没田埂了。水稻长势良好，农民看在眼里，喜在心头。水稻返青后，分蘖开始发生。当下水稻正在经历分蘖期。分蘖，实质上是水稻茎秆的分枝。插秧时每穴只有1到2株秧苗，经过分蘖逐渐出现5株、10株、20株甚至更多的新株。在稻禾主茎的左右不断分蘖出新株，这是增加稻穗的基础，也是稻株发育良好与否的标志。通过分蘖，水稻植株个体逐步扩大，群体逐步繁茂，为水稻的好收成打下基础。能抽穗结实的分蘖称为有效分蘖。分蘖太少，稻穗的数量就明显不足，影响到稻谷产量的提高。

在持续一个月左右的水稻分蘖期间做好田间管理十分重要，主要措施包括早施、适时施用分蘖肥、浅水勤灌、适当晒田，防除杂草和防止病虫害。这个阶段的田间管理主要是促进分蘖早生快发，增加有效分蘖。水温、气温、营养、光照等都是影响水稻分蘖的重要因素。若在分蘖期，营养水平高，分蘖就会早发生而且快速，分蘖期就会增长。若是光合产物不够，营养供给不足，分蘖几乎处于停滞状态，分蘖期则会缩短。在水稻返青后和分蘖期，要及时施肥，以便促进分蘖的发生。

为了促进分蘖，郑大爷及时在田里施用硫酸铵和复合肥，给稻禾补充氮、磷、钾、硅等营养元素。阿香分蘖出8个分枝，分蘖势头喜人，溢满惊人的活力。阿香和稻禾们满怀信心，用翠绿而明亮的词语一致承诺，郑大爷和涂大娘辛辛苦苦的劳作不会落空。

阿香生长的稻田，比邻一方荷塘。荷花初开，满塘荷叶团团如盖，碧绿油亮，与绿意盎然的青青稻禾相得益彰。我伫立田坎，面庞上扬，缕缕荷风拂过脸颊，清香怡人，犹如净化心灵的沐浴，深慰人心。

稻禾阿香分蘖出了8个分枝，分蘖势头喜人。

阿香需要喝水了

6月4日，农历四月廿四。多云。气温18℃~31℃。东南风3级。日出时刻06：00，日落时刻20：00。播种第66天。插秧第21天。

5月28日，我一早飞往湖南长沙，整个下午参观了隆平水稻博物馆。博物馆陈列区分为《稻米香万年——中国水稻历史文化陈列》《奇异的旅程——中国水稻科技陈列》和《梦想成真——袁隆平与杂交水稻陈列》这三个主题，丰富而生动地呈现出中华民族深厚的稻作历史文化和以袁隆平院士为代表取得的中国杂交水稻科技科研成果。在一楼大厅，我向袁隆平雕像敬礼和献花。

五月渐远。进入六月后，太阳的威力与日俱增。稻株争先恐后地分蘖。阿香的分蘖能力名列前茅，根系发达，生理机能旺盛，茎秆粗壮，竭尽所能茁壮生长，但并非刻意与其他水稻争锋，一决高下。为了保证根系和茎叶吸收足够的养分，郑大爷又追施过分蘖肥。

一部分水稻怎么了？显得有些无精打采，看似满腹心思，一些叶片耷拉着，少许叶尖变黄了。我不禁有些担忧，难道这些水稻生病了，会危及到生长吗？阿香镇定自若，似乎在平静地回应我的关切："她们没有生病，健康着呢，只是需要水，我们都需要水！"稻田里蓄水的多少与分蘖关系密切。浅水层有利于分蘖，干旱、晒田和深水都不适合分蘖。

在稻田旁边的水塘里，一只大白鹅怡然自得地浮游。郑大爷站在田坎上，从白衬衫上兜里掏出一截手工烟卷，点火吸几口，吐出雾状青烟，望着稻田说：稻禾不断分蘖，长出了更多叶片，少量叶尖变黄属于正常现象。明天是芒种，除了拔掉稗子和杂草，还要给田里浇水。

一只大白鹅在水中浮游。大白鹅游水时，身后拖着一长串白花花的波纹，生动地描摹出优美的乡村一景。

伍

稻花飘香

　　太阳盛大，在高温高湿的有力推动下，水稻开花了！水稻使出浑身解数，在极短的时间内纷纷受精成功。一切全是为了等待一场花开！微风吹来，无数新抽出的稻穗轻轻摇摆，稻叶涌动，庄严宣告：我们取得了孕育生命的决定性的伟大胜利！晴空万里，稻花飘香，一首经典歌曲的优美旋律涌上心头。这首永久享有尊荣的歌曲的名字叫——《我的祖国》。

一番暑雨一番凉，真个令人爱日长。

隔水风来知有意，为吹十里稻花香。

　　——[宋]杨万里《夏月频雨》

稻花花中王，桑花花中后。

　　——[宋]舒岳祥《稻花桑花》

‖芒　种

6月5日，农历四月廿五。晴转多云。气温20℃～32℃。日出时刻06：00，日落时刻20：00。今日芒种节气，开始时刻18：51：57。播种第67天。插秧第22天。

朝霞绚丽，染红了郑家沟的半边天空，预示着又是一个好天气。

稻禾进入快速生长期，杂草也在疯长。需要及时拔除杂草。郑大爷和涂大娘清早5点就下田了，夫唱妇随，俯首弓背在翠绿的稻禾中，专注耘田。所谓耘田，就是扶正稻禾，疏松田泥，拔除稗子等杂草。这是水稻耕作过程中的重要环节。按照传统的精耕细作要求，耘田需要进行一耘、二耘和三耘，反复拔除田里的杂草——又称薅草。与水稻共生的杂草，主要有稗草、水莎草、鸭舌草、节节菜、牛毛草和矮慈姑等。

朝阳升起，照耀稻田，阳光在叶隙间跳跃，田水里光影变幻，空气如钻石般闪亮。我身披金色阳光，大口呼吸清新空气，神清气爽地行走在田埂上。弯腰随手捡起扔在田坎上的一把稗草，注目观察。稗草和水稻的外形极为相似，稗草可以说是伪装的稻禾。稻与稗这对老冤家形影相随。稗草的生命力和繁殖能力非常旺盛，长势很强，很难清除干净。稗草不但挤压稻禾的生存空间，还抢夺稻田里的养分，是稻田中的一种凶恶的杂草。

太阳渐渐发出炙热的威力。郑大爷下到紧挨稻田的灌溉渠里，双手操着长柄舀水工具，反复舀起渠水倒进稻田里。给稻田浇灌足够的水，保证稻禾充分吮饮。我在一旁观察后，脱下鞋袜，高高卷起裤管，赤脚踩进渠水中，从郑大爷手里接过舀水工具，笨手笨脚地干起了舀水浇田的活儿。没干多久，我感到手臂乏力，腰椎欲折，切身体验到了劳作的辛苦。

在翠绿的稻禾中，两位农民扶正稻禾，疏松田泥，拔除稗子等杂草。

采撷插田泡

6月6日，农历四月廿六。多云。气温22℃～32℃。西北风2级。日出时刻06：00，日落时刻20：01。播种第68天。插秧第23天。

橙红色的曙光照亮了新的一天。晨风吹拂稻田。"浮云有意藏山顶，流水无声入稻田。""水满田畴稻叶齐，日光穿树晓烟低。"这些分别是宋朝诗人苏辙和徐玑的诗句。稻田里浇灌了充足的水，绿色明显滋润了。放眼望去，稻禾青翠，绿意盎然，一派蓬勃生长之势。风一吹动，整块稻田里的稻禾一起柔软而有节律地摇摆，碧波荡漾，沙沙作响，展现出生命的欣喜与雀跃，令人憧憬稻花飘香的美好景象。我不禁想起伟大作家曹雪芹的诗句"一畦春韭绿，十里稻花香"和宋朝诗人戴复古的诗句"雨过山村六月凉，田田流水稻花香"。

阿香满身阳光，肥沃的水土将阿香滋养得愈发水灵，出落得更加漂亮了。在众多稻禾中，阿香俊俏出挑，堪称田里翘楚，颜值担当，但是丝毫没有傲视同伴的盛气凌人。

与阿香互动之后，我绕着稻田观察。有人在施肥，有人在拔除稗草。一位背影沉默的赤膊老农在埋头劳作，一个蓝牙播放器放在田坎上，先后播放《我爱你，中国》《唱支山歌给党听》《在希望的田野上》《在那桃花盛开的地方》等经典歌曲。碧绿的稻田，优美的旋律，涌动着激荡人心的力量，我情不自禁地扯开嗓子大声歌唱："我们的田野，美丽的田野，碧绿的河水，流过无边的稻田，无边的稻田，好像起伏的海面……"这首由管桦作词、张文纲作曲的著名歌曲《我们的田野》，我曾经唱过无数遍，感人至深的优美旋律，美好地唤起了我对祖国和大自然的无比热爱。此时面对稻田歌唱，我跟着旋律的起伏和稻禾的荡漾，由衷抒发对美丽田野和秀美山川的真挚赞美。

临近中午，骄阳高悬，当顶暴晒，我们从稻田回到湖边的屋里。

在厨房里，酸菜鱼的一系列重要烹饪工序基本完成，为又一个好日子隆重准备的飨宴进入到了这道大菜的尾声。摄影师夏天瞬间转换角色，和妹妹联袂成为妈妈的左臂右膀，一起在锅边忙碌。在香味氤氲的烟火气中，夏天说，两大盆酸菜鱼足够吃了，不必炒回锅肉了。"你这是小气呢！"夏天妈妈瞪了夏天一眼，大声吼道，"人家远道而来，回锅肉不得少！"震撼人心的咆哮，感人肺腑。

夏天妈妈知道我偏嗜回锅肉，每次午餐，总有一盘回锅肉摆放在我面前。在我无限广阔的私人食谱中，回锅肉占有崇高地位，一生挚爱。动筷之前，我郑重而庄严地坐直身子，目不斜视，体现一种庆典般的仪式感。大快朵颐时，不言不语，亦不左顾右盼。喂食猪草和粮食长成的土猪肉，那个肉香啊，堪称人间绝妙至顶的滋味，妙不可言！这样的人间至味，怎么能囫囵吞咽呢。我格外尊重这个味道。这样的味道使我浑身是胆，纵横人间，雄心万丈地跨过人生中的沟沟坎坎。夏天妈妈给予我的这个特殊待遇是何等恩典，我该如何报答呢？

初夏的阳光分外灿烂，宛如瓦尔登湖的湖水近在咫尺。午餐后，我心满意足地坐在湖边高大的杨树脚下，地面闪烁着蓬勃光影，大片令人心动的美妙阴翳。风如约而来，抬眼便见风上枝头，绿叶摇摇摆摆。风行水面，激起叠叠波纹，荡碎了日光，粼粼金光闪闪烁烁。

摘野果子去！我响应夏天的号召，随即起身，跟在众人后面，一行四人穿过玉米地。苗壮的玉米作物茎高叶茂，玉米棒子正在吐丝，披头散发般的大把细密长丝在阳光下晶莹闪亮。脚下的纤细小径令人着迷，两旁布满难以言喻的自然野趣，空气中弥漫着野生植物的芳香。在藤蔓缠绕的灌木丛里，隐匿着不为人知的诸多秘密。荆棘密布，悄无声息，或许无数昆虫在纵横交错的路上你来我往，熙熙攘攘。在这个无数生命彼此交织的昆虫王国，很可能正上演着一出出传奇大戏。我们看到的生灵只是凤毛麟角。我隐约感到，在目力弗及的暗处，一双双警觉的眼睛窥视着我们这几个不速之客。我们只为采撷野生浆果而来，对自然生灵和不可知的力量充满敬畏，决不挑衅和冒犯那些藏身神秘角落、野性迥异的昆虫和小动物。

我们采撷的野生浆果叫插田泡。插田泡又叫乌泡子，藤本植物，荆条坚韧，弯曲如弧。桀骜不驯的荆条上长满尖利的倒刺，稍不留神，就会刺破手指，鲜血殷红。密集的叶子捧着串串浆果。插田泡熟透时，由深红变成紫黑，娇嫩易破，汁液会把手指和嘴唇染得乌黑。

夏天和小英把摘下来的浆果轻轻放进我双手端着的筲箕里。我看着筲箕里的插田泡，仿佛看到了这样的景象：在插田泡成熟的时节，夕阳西沉，田野笼罩在庄严的蜜色光泽之中。随着天空慢慢灰暗下来，庄稼人结束一天艰辛的劳作，缄默地离开农田，无声地行走在沉寂的琥珀色黄昏里，只身穿过葛藤爬满灌木的僻静小路。他忽然驻步，随手摘吃一把把紫黑的插田泡，滋味酸甜，津液满口，精神一振，忘却疲劳，在寂静的光阴中获得短暂慰藉。霎时，暮色转浓，一只乌鸫唱着黄昏的歌，归林的鸟儿隐入暗处。山丘黯淡的轮廓愈发模糊，眼看就要被黑絮般的夜色重重包裹，农人扛起农具，朝着湖边向晚的炊烟蹒跚走去。

我收回思绪，筲箕里的插田泡越来越多。我按捺不住，左手端筲箕，腾出右手摘浆果。忽然眼前一亮，我随即弓背低头，小心翼翼地从荆条之间钻进灌木丛中，里面别有洞天，身边到处都是成熟的插田泡。在我兴奋的招呼之下，小英弯下腰，小心翼翼地钻了进来。我转身伸手摘果子，旁逸斜出的荆条挂掉了头上的帽子。我蹲下来捡帽子。就在这时候，荆条丛中约四米处有两道光朝我扫射过来。我不禁一愣，前面匍匐着一只野兔！它瞪大眼睛，死死盯着我，一动不动，从翕张的鼻孔里向我喷来野性的热气。野兔浑身棕褐的毛色与周围的杂草和藤本植物混在一起，不易察觉。头部偏右的一撮醒目的白毛暴露了野兔的存在。两只竖立的耳朵，因高度紧张而充血，似两枚亮红透明的长叶片，照亮了野兔身边的草丛。野兔紧抿着三瓣嘴，像是在积攒着勇气和力量，随时准备出击，与我殊死一搏。

野兔全然不顾双方力量的巨大悬殊，没有夺路而逃，寸步不让地与我对峙着。短兵相接，箭在弦上，骤然加重了空气中剑拔弩张的气氛。弱小的生命，并不意味着没有战斗力。即便最微小的生灵也会做着伟大的事，也能够创造奇迹。我被野兔临危不惧、舍生忘死的惊人勇气震撼了。将生死置之度外的勇敢和决绝值得钦佩和尊敬。一霎间，我敏锐地发现了野兔冒死固守原地的动机，即刻动了恻隐之心，慢慢地直起身子，蹑手蹑脚地退后两步，扭头低声跟小英说："不摘了，我们走吧。"小英眼神疑惑不解地看着我："这么多成熟的果子，怎么突然不摘了呢？""不摘了，"我镇定而恳切地说，"留些浆果给其他人分享吧。"小英聪慧机敏，心领神会，嫣然一笑，随即转身弯腰钻了出去。

当我们回到了小路上，从荆棘丛深处传来吱的一声长啸。从叫声里，我听出了一种感天动地的呼唤，还有感恩。小英和夏天神情诧异，不约而同地问："这是什么声音？"我自然是知道的。"一只了不起的野兔！"我说。"野兔！野兔！"小英和夏天惊喜地欢呼。"这是一只野兔妈妈，"我接着说，"她呼唤幼崽现在可以安全地享用浆果了。"小英和夏天半信半疑地看着我："你是怎么知道的？"我笑而不答。荆棘丛里随即响起一阵窸窸窣窣的声音，想必幼崽们兴奋地聚集到了野兔妈妈身边。野兔妈妈好不容易盼来了一年一度浆果的成熟，却眼看就要被几个来路不明的家伙洗劫一空。为了孩子，野兔妈妈母爱无敌，毅然决然地挺身而出，以罕见的勇气和非凡的气势，誓死捍卫孩子们的饕餮大餐。

插田泡又叫乌泡子，熟透时，由深红
变成紫黑，娇嫩易破，滋味酸甜。

‖摘黄瓜

采摘插田泡后，我们回到湖边喝茶。抬眼望去，湖水对岸的绿色山丘向我频频招手，少年时翻越一座又一座大山的情景倏然闪现眼前。于是我提出去对岸的山头看看，我很想知道墨绿山丘背后到底是怎样的风景。每当看到一座山，就会激起一种跃跃欲试的渴望，信心十足地对眼前的山说，我将登上你的山顶，请用清风、鸟鸣、苍翠和流云召唤我吧。在蜿蜒盘旋上山的崎岖小道上，不可想象的事情时有发生，狭路相逢充满危险的诱惑，不期而遇的沿途景色出人意料地夺人心魄。翻山越岭，伫立山顶，得以认识群山的伟大。

我并非偏跟山过不去。我对山怀着图腾般的尊崇和敬重，对群山的向往和赤诚早已渗透到我的灵魂深处。小时候跟随舅舅和舅妈住在离县城很远的乡下一个四面环山的窝凼凼里。念小学五年级那年，一天，舅舅带我走到学校东边的垭口，指着连绵横亘天边的黛色山峦，神情庄重地对我说，你一定要去往大山的那边，翻过那座山，山外还有山，世界越来越大，每座山背后的一切都值得去看看，走得越远，看得越多，长大了才会有出息。舅舅的话对我产生了重要影响，意义非凡。这是我少年时代的一个史诗般的重要时刻。我和舅舅伫立垭口，沉默地凝望远山，成了我往昔岁月里最庄严的记忆之一。山外有山，走出大山看大海，放眼世界，我从此奉为圭臬。舅舅的教导总能激发我产生莫名的痉挛性的力量，我带着这种力量，翻越了一座又一座大山，去过数十个国家，抵达了世界上最遥远的地方……1992年春节期间，我回老家过年，妈妈才告知我，舅舅在那个冬天一个最寒冷的日子过世了。我沉浸于悲伤，痛惜岁月奔逝，少年时代再也回不去了，舅舅给予我的爱和恩情我永远无法报答了。

夏天欣然采纳了我的提议。马上行动，一行四人走向湖水对岸的山丘。坡路迂回，山野静得有些神秘。两只斑鸠在枝间滑翔，鸣叫声打破了沉寂。一切事物都有着千丝万缕的联系与呼应，所有生灵皆有情感。我隐约感到，一些昆虫和小动物在隐秘的藏身之处全神贯注地盯着我，微弱而执着地向我传递善意和爱意。那些既敏感又温柔可爱的小生灵，虽然与我不曾谋面，但是彼此的心灵在这一刻发生了交集。我与它们之间存在着关切、回应和尊重。它们卑微而顽强活下去的非凡勇气和最单纯又哑静的心使我莫名感动。

就在这时候，走在最前面的人看见一条蜥蜴（俗称四脚蛇）在路上一闪而过，发出惨烈的尖叫。即便是一头猛兽扑来，多半会被这样的尖叫吓蒙的，那猛兽半晌才回得过神来。有人魂飞魄散，心有余悸地担忧，前面会有毒蛇出没吗？我立马就地捡起一截竹竿，佯装勇敢，冲到最前面，领头前走，边走边用竹竿击打路边的草丛、灌木和旁逸斜出的枝条，不断发出声响，吓唬和驱赶盘踞路上或者隐匿路边的毒蛇。以这样的虚张声势化解所有的剑拔弩张。殊不知，我最害怕蛇，怕得要命。毒蛇滑行时发出的咝咝声令人不寒而栗。

毕竟是海拔不高的山丘，我们轻松顺利地登上了山顶。我驻足高处，视野开阔，风光无限，清风满怀。左侧是戴家庙水库一弯碧玉般的湖水，把一方天空和青山倒影揽在怀中。大地在脚下展开，逶迤铺向远方。绵延无尽的丘陵地形起伏如浪，波澜壮阔。低矮的山脊线清晰温柔。在扇形坡地上，高过半人的玉米作物蔚然成林，青翠连天。农家房屋散落在庄稼地与树林之间。在晴朗的天空下，广袤的乡村风景宁静安详。万物可爱，山川可亲。我大口呼吸清新空气，聆听呼呼风声，感受大地上奔流的气息。我沉浸在我沉默的眺望里，放任思绪驰骋，想象力随意飞翔。

我伫立陌生的山头，耳朵灌满呼呼风声。忽然预感到，这登高纵目一望，或许会成为我的一次新的契机，观察水稻之旅将为自己创造一段崭新的历史，预示着未来还有想象不到的可能性。心在发烫，灵魂尚未麻木，渴望从未停止，白日梦还在延续，依然保持着内心的理想主义。我的梦想在我的上空翱翔。为了对自己勇于行动给予有力的鼓舞，我使出全身力气，朝着青山绿水迎风大喊，声音传出去很远很远。很久没有像这样放肆地冲天一喊——撞击自我心灵的长啸。我侧耳倾听大地对我的喊叫产生了怎样的回应。大地上回荡着我的声音，这是心灵与现实的交互回响。岁月里的悲欢与温存，让心里翻涌起一种难以言喻的深情感怀。我想起了舅舅，想起了我和舅舅站在垭口望着远山的情景。舅舅听到了我此时的呼喊吗？

我完成了我最虔诚的眺望和大声喊叫。下山，沿着湖边迤逦行走，我发现路边有黄瓜藤蔓，在瓜叶掩映之下，安静地躺着一根白白胖胖的黄瓜。我驻步不前，躬身曲背，指着黄瓜，对小英说，这叫滚地黄瓜，又叫土黄瓜。我舅妈种过这种黄瓜。这根黄瓜神奇地让我此刻穿越重重时光抵达童年。尘封的往昔记忆瞬间被唤醒。我想起了我的舅妈。天气炎热，舅妈汗流浃背地从菜园回到屋里，把我喊到她身边，塞给我一根黄瓜：去，洗干净了吃！

小英听了我简单的回忆，左右扭头望了望，屈膝蹲下，伸手摘那根黄瓜。黄瓜蒂异常坚韧地连在瓜藤上，没有想象的那么轻而易举地被摘下来。小英扭动黄瓜，试图扭断瓜蒂。我担心随时有人出现，提出放弃。小英置若罔闻，机警地观察一下附近的动静，双手抱着黄瓜用力地扭来扭去。黄瓜终于被摘下来了，小英将其藏在衣袖里。就在这时候，两个农民说笑着向我们走来。小英毫不慌张，镇定自若地走到菜地里，煞有介事地观察大葱开花。夏天和妹妹郑莉跟农民攀谈了几句。农民没有发现我们的鬼把戏。待农民走远了，小英若无其事地回到大路上。我悄悄地问，黄瓜呢？小英目光狡黠地指指腋下，黄瓜隐藏安全得很哩。

擅自摘掉并带走路边的一根黄瓜，这肯定不是一件光彩的事情。但这不是小英的错。黄瓜引起了我短暂的回忆，纯属偶然导致了这个事件的发生。我没有秉持以一种无可指责的正确方式回忆童年。我诚恳地向黄瓜致歉，向种植黄瓜的农民致歉，向这里淳朴的民风致歉。

夏天带路，我们抄近道返回，在荒草丛生、虬枝横斜的密林中谨慎穿行。磕磕绊绊，我脚下一滑，打了一个趔趄，连忙抓住树枝，才没摔倒。在林间寂静的阴影中，矗立几座坟茔，面朝戴家庙水库清波森森的幽深湖水。夏天低声地说，这是她的爷爷奶奶和外公外婆长眠的墓地。过年时和清明节，她和妹妹跟随父母曾来这里祭扫。眼下还能看出祭祀痕迹。我毕恭毕敬鞠躬行礼，表达缅怀，恳请前辈原谅我们刚才的过错，之后一定要对种植黄瓜的农民给予赔偿。凝视着沉寂又安详的黑灰色墓碑，我暗自思忖，这些前辈曾经活生生地在平凡人间辛勤劳作，既平静或忧虑又充满希望，含辛茹苦却毫不气馁地过着日复一日、年复一年的烟火生活，也曾经沉默或者笑谈着穿梭在这片树林里。

回到湖边的屋里，小英用清水洗净黄瓜，持刀切下小半截，抠掉内瓤，切成片，递一片给我品尝。我接过来塞进嘴里咀嚼。与充满往昔回忆的食物重逢，感官瞬间全部觉醒，激活了最深邃的记忆。时光呼啸倒流，穿云破雾，天地赫然明亮，群山沐浴在阳光里，溪水潺潺。一个少年独自穿过金色稻田，惊起大群麻雀哗地四散。他小跑过来，脸颊泛红，额头冒汗，手里拿着一根黄瓜，喘着气，站在我面前，仰头望着我说，嘿嘿，我就是你的少年！

虽然不是银鞍白马、衣襟带花的少年，但真真切切是一个腼腆寡言、矜持而卑怯的纯真少年啊！还未来得及与这个少年对话，一个声音即刻把我唤回到当下。小英笑意盈盈地问我，这黄瓜是不是儿时的味道？我佯装镇定，抬手摸摸湿润的眼角，语气平静地回答："是的，就是那个味道。"两个小时后，我把剩下的大半截黄瓜带到了成都。

阿香与豆娘

6月14日，农历五月初五。小雨转阵雨。气温24℃～30℃。日出时刻06：00，日落时刻20：04。今日端午节。播种第76天。插秧第31天。

破晓时分，天边闪电明灭，雨声淅沥。郑大爷家的袅袅炊烟迎来了雨后的早晨。天空清朗无尘。昨天郑大爷忙碌了一整天的农活，趁着天气凉爽多睡一会儿。涂大娘将蒸熟的粽子和咸鸭蛋留在蒸笼里保温，然后从屋前的斜坡走向稻田。在做家务活的空当，涂大娘常在田边转悠，随手拔除杂草。正是平日里这些不起眼的拔草活儿，使得田坎上不至于杂草丛生。若是放任不管，信马由缰生长的杂草很快就会淹没田埂，蔓延到稻田里，影响水稻的生长。

在雨水滋润下，稻田翠绿，稻禾欣盛生长，田里的空间被水稻植株填满了。一只豆娘掠过涂大娘的肩头，擦着稻禾叶尖飞行。豆娘落脚阿香的一枚叶片上。"阿香，你好！"豆娘灵巧地转动几乎占据整个头部的复眼，优雅地摆动细长的棍状腹部，亲切地关心，"今天是端午节，又称龙舟节，是飞龙在天的吉祥日子。你闻到粽子和菖蒲艾草的香味了吗？香气与记忆重逢，故乡的美好留存心中。"阿香没有吱声，陷入沉思。"龙，是中华民族的象征，我们都是龙的传人。"豆娘娇小纤细，看似弱不禁风，说起话来却滔滔不绝，"从风中传来消息，牵挂你的人正赶往这里，来和你共度这个传统节日。"阿香依然安静地聆听。"我要去湖区看看啦，或许有龙舟竞渡。祝福你节日安康，吉祥如意！"豆娘振动翅膀，起身飞向青山怀抱的湖水。豆娘飞出数米，从身后传来清晰的声音："亲爱的豆娘，谢谢你来告诉我好消息。无论到哪里，你都呈现出关怀的姿态和爱的形状，以赤诚之爱照亮他人。"

一只豆娘擦着稻禾的叶尖飞行，落脚在一苋稻禾的叶片上。

端午节到了，粽子飘香。香气与记忆重逢，故乡的恩情与美好留存心中。

‖夏　至

6月21日，农历五月十二。多云转阴。气温23℃～31℃。日出时刻06：01，日落时刻20：06。播种第83天。插秧第38天。今日夏至节气，开始时刻11：32：00。

一只鸟儿扑棱着翅膀飞出树林，发出拂晓时分的第一声鸣叫。郑大爷和涂大娘清早起床下田了，再次耘田，躬背埋身田间薅草。稗草的生命力异常顽强，不会轻易放弃生存的机会。除了再次拔除稗草，今天郑大爷还要给花生作物施肥。

朝霞满天，阿香被清晨的微风摇醒了，在瞬息万变的夏日晨光中流光溢彩。阿香和水稻们齐刷刷向上生长的姿态，像是在整齐划一地郑重告白和承诺——

我们聚集在稻田里，并肩伫立，耳鬓厮磨，把身影投在大地上和天空中，倾听时间坚定向前的脚步声，共同感知黑夜与白昼的交替和季节的变换，保持既自信又谦逊的心态，坚守内心火热的使命感。我们都知晓光的力量。心中有光，努力向上，不虚度此生，这是我们朴素的信念。我们知道太阳何时升起，在什么时候我们该张开叶片进行光合作用，懂得以怎样的方式和速度从根部向上输送养分来壮大自己。我们决不潦草生长，不敷衍每一个日子，让灵魂保持单纯和清澈，呈现健康蓬勃的样貌，用天堂般的色彩铺陈大地，美化田野，向自然秩序致敬。我们的青春形象最天然，从来都不是冷漠而抽象的存在。我们以自始至终的坚定与赤诚，倾注全部的激情和热情，热爱稻田，忠于稻田，坚守稻田，守望故乡，仰望未来，时刻惦记着丰收。故乡令人沉醉。大地长存不息。我们对脚下的土地保持诚实与虔敬，珍惜大地、天空和勤劳的人们给予的眷顾和爱，不会让金子般珍贵的念想永无着落，要让每一个梦想都有重量。相信一切皆有可能，用信念创造奇迹。与万物和谐共生，质朴而庄严地展现生命的本质、大地的真理和稻谷的神圣。怀着经久不衰的期待，理解和尊重农民对粮食生产的郑重与忧惧，对所有的给予都要回报，以真挚的姿态发出鼓舞人世的力量。唯有不辜负，方能抵达丰收。

万物都沉浸在自己的时间里。

从睡梦中醒来的虫子开始活动了。一只虫子匍匐在挂着珍珠般露珠的稻叶上，尽情啜饮叶片上积攒了一夜的露水。太阳升起来了，阳光透过露珠折射出晶莹的光芒。这只小虫子享受了舒爽宜人的时光之后会啃食稻叶吗？

病虫害（虫害和病害）一直困扰着稻农。病虫害严重时会导致水稻减产，甚至绝收。虫害分为食叶类害虫、钻蛀类害虫、刺吸类害虫、食根类害虫以及吸汁类害虫等。发生普遍、危害最为严重的虫害主要有稻飞虱、螟虫（包括二化螟、三化螟、大螟）、稻纵卷叶螟。稻飞虱这种小虫子只有三四毫米大小，是南方稻区的第一大虫害。病害主要有稻纹枯病、稻白叶枯病、稻瘟病等。在水稻生长过程中，除草、防虫害、防病害是田间管理的重要环节。

为了防治病虫害，需要对大田进行人工干预，及时喷洒农药。在稻田里施用化学肥料、农药以及除草剂等，在提高水稻产量的同时，还付出了极大的环境代价。农药残留对稻谷的食品安全带来了危害。值得期待的是，从古老的传统耕作方式一路走来的水稻，随着种植技术与最前沿的分子生物技术相交汇，正在焕发出新的生机。未来水稻品种将更为绿色、安全和高产，具有抗病虫害特性，稻农不需要施用大量农药，就能避免水稻因病虫害而减产。

在阳光变得火烫之前，郑大爷和涂大娘收工离开稻田。郑大爷回到屋里睡回笼觉。涂大娘进灶屋弄早饭。上午十一点，天气闷热，没有一丝风。田间地头连个人影也见不着，周围的住户人家静悄悄的，鸭子和大白鹅不再嘎嘎不休，狗儿也懒得吠叫。田里碧绿的稻禾却喜欢这样的天气，元气蓬勃地霍霍生长。屏息聆听，听得见稻禾往上毕

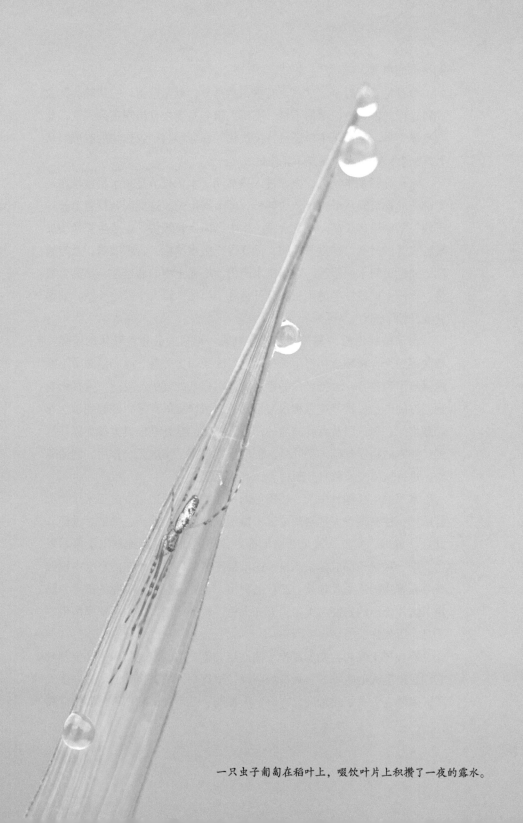

一只虫子匍匐在稻叶上，啜饮叶片上积攒了一夜的露水。

剥拔节的声音。

今日是夏至时节。"夏至有雷，六月旱；夏至逢雨，三伏热。"农民对这样的古老谚语深信不疑。庄稼人担心夏至之日出现雷雨天气，导致夏季干旱。无论是干旱还是持续伏热，都会影响到农作物的收成。从天气来看，在白天，雨是下不来的。

水稻分蘖基本结束，全面进入拔节期。水稻拔节是指水稻植株在地上部分的各节间从下向上依次伸长，即节间生长。这期间茎秆各节长得很快，稻株迅速长高。这是水稻一生中纵向生长最快，也是生长量增加最为显著的时期。在拔节期间，需要进行肥水调控，合理灌溉，及时施肥。通过田间水层管理，适当排水晒田，增强土壤的通透性，提高含氧量，促使水稻植株稳健生长和茎秆粗壮。当植株转入生殖生长期，抽穗就要开始了。

水稻植株由根、茎、叶、穗等组成。稻根的分布，叶片的姿势，都关系到光合速率。稻根生长在地下，为地面上的茎、叶和穗源源不断地供给水和养分，维持稻株的生长发育。根系的健康与发达，直接影响到稻谷的产量。稻茎连系稻根与稻叶，为稻株提供支撑，并起到输送和储藏水分、养分以及营养物质的作用。强壮的茎秆是形成大穗和提高抗倒伏能力的物质基础。稻叶是水稻的重要器官，实现光合作用，制造养料，进行气体交换和水分蒸腾。

水稻的生长如日中天，稻田如画一般美丽。田边地头的玉米作物不甘示弱，柱头顶着大把银丝的玉米棒子日渐饱满。茄子、辣椒、番茄、豇豆、黄瓜、丝瓜、苦瓜和南瓜都十分体面而有尊严地挂出了累累果实。李子和桃子都成熟了。夏季的瓜果正值鼎盛期，发蓝的空气中飘散着令人着迷的瓜果香味儿。肥沃的稻田，丰美的蔬菜，香甜的瓜果，奠定了这片土地的富饶与美名，五光十色，辉耀此地，成全了郑家沟生生不息、历久弥新的烟火生活。

蝉在树上鸣叫，初奏夏季乐曲。随着盛夏的到来，骄阳烈日会刺激它们发出震天的喧哗。整天高声叫喊"李贵阳"的三声杜鹃消失好多天了，追随春天去了遥远的北方吗？大杜鹃、三声杜鹃和四声杜鹃相继离

水稻的生长如日中天，郑家沟的稻田如画一般美丽。

开了郑家沟，聆听杜鹃鸟唱颂春天的日子已然过去。回想起来，今年的春天似乎全都是好天气。春风芬芳，万紫千红，光照斑斓，锦绣色彩撞入胸怀，并非春梦一场。春风温柔的吟唱和春雨滋润万物的淅沥之音仍在耳边萦绕。

我正凝神遐思，一只山斑鸠飞来落脚到稻田旁边的玉米地里，发出"咕咕—咕咕—咕"低沉的鸣叫。这只山斑鸠一直在玉米地里活动，似乎对玉米有着近乎偏执的热爱，难道是日渐成熟的玉米棒子令它如痴如醉？竟然对稻田里长势如虹的水稻视而不见。

‖ 阿香正在拔节孕穗

我沿着田埂熟门熟路地来到了阿香的稻田。水稻的长势令人振奋，我蹲下来观察，阿香明显分蘖出了18个分枝，还有几个小分枝隐约可见。几乎所有分枝都在向上拔节。从一株秧苗生长出来这么多分枝，真是神奇。一些粗壮的茎秆圆鼓鼓的，原来在剑叶鞘内正在孕育稻穗！令人欣喜。在孕穗期，幼穗长度增加，在剑叶鞘内向上伸长，导致剑叶叶鞘的膨胀，这一过程称作孕穗。水稻的拔节及孕穗期，一般需要一个月左右的时间。

微风在稻田里划出波浪般的美妙形迹，掀起光斑在叶尖跳跃。稻叶风姿绰约，耳鬓厮磨，彼此亲密抚触，水稻的互动更加活跃。我以更亲近的低视点给阿香拍照，记录阿香在播种第85天、插秧后第40天的豆蔻年华，用温柔的目光抚摸每一株茎秆和每一枚叶片，专注于内心细微的感受。阿香身上的每一个细节都经得起最细致的观察。我按捺不住，伸手轻轻触摸叶片，奇妙地感觉到了阿香肌肤的温度和生命的脉动。一些细微迷人的迹象，昭示阿香在时间里生长的秘密。

起风时，阿香的所有叶子都在摇摆。无风时，看似静止，其实阿香的身体也在微微颤动。阿香在生长，在呼吸，在微妙地变化。我从来没有像此刻这样温情脉脉地和一蔸水稻进行心灵互动——跨越物种的精神交流。万物有灵且有情。相信世界上一切事物都会说话。我静静地聆听阿香起伏的呼吸。她在微风中的呢喃低语，仿佛在用唇语叙述秘密。互相凝眸，彼此体贴入微的回应，这是我和阿香深度的相处方式。我从阿香身上吸取能量，获得滋养，洁净身心，启迪自己懂得天地的情感。我和阿香陪伴彼此，交织出一段美好时光的珍贵篇章。

水稻分蘖活跃，阿香正在拔节孕穗。

‖六月最后一天

6月30日，农历五月廿一。多云转阴。气温24℃～30℃。日出时刻06：03，日落时刻20：07。播种第92天。插秧第47天。

天朗气清，鸟雀啁啾。在阿香隔壁的稻田里，零星稗草狡猾地逃过了农民的眼睛，报复性地野蛮生长，炫耀地高举稗穗，趾高气扬地发出示威。自命不凡的公然叫板，再难逃脱覆灭的命运。稗草终究敌不过水稻们的一身正气。在密集的稻禾中，一蔸水稻抽穗扬花了。一支穗子嫩黄的颖壳外面挂着淡黄色小花朵。这是我今年看到的第一支稻穗。

在阿香的稻田里，万千叶尖缀着晶莹的露珠，还没有一蔸水稻捷足先登地抽穗扬花。阿香沐浴在早晨馈赠般的阳光里，全身闪烁着蓬勃的光芒。水稻经过多天的拔节和孕穗之后，现在进入到抽穗在即的关键时期。阿香举着多个鼓鼓囊囊的圆秆，里面都孕育着稻穗，孕育着众多新的生命。稻田里充满希望的景象令人心生欢喜。我对阿香的多重美意报以微笑。

我索性趴在田坎上，腹部紧贴泥土，俯首探身靠近阿香，呼吸稻禾清香，倾听卿卿低语。两只蜻蜓在阿香的稻叶间谈情说爱，翩跹飞舞，形影不离。稻田里弥漫着爱的气息。如梦似幻，物我两忘，天人合一，我过于前倾的身体突然失去重心，一头栽进稻田里。我慌忙拔起陷进淤泥里的双手和双脚，十分尴尬地爬上田坎，裤子和鞋子都沾满稀泥，还闪了腰。幸好没伤到阿香，阿香只是猝不及防地被吓了一跳。打量着自己的这副狼狈模样，我忍不住笑了。阿香似乎也笑了。我们以这种出其不意的欢乐方式，彼此珍惜六月最后一天。

在稻田里，一苑水稻抽穗扬花了。这是稻田里抽出的第一支稻穗。

水稻沐浴在早晨的阳光里，阿香全身闪烁着蓬勃的光芒。

两只蜻蜓在稻叶间谈情说爱，翩跹飞舞，形影不离。

‖小 暑

7月7日，农历五月廿八。多云转阵雨。气温24℃～30℃。日出时刻06：06，日落时刻20：07。今日小暑节气，开始时刻05：05：19。播种第99天。插秧第54天。

小暑，是农历二十四节气的第十一个节气，夏季的第五个节气。小暑节气的到来，意味着炎炎夏日全面展开，农作物进入茁壮生长阶段，水稻随之进入关键的孕穗期。在这个阶段需要进行施肥、管水、除草、防病治虫等人工干预，加强田间管理是当务之急。

世界嘈杂，稻田宁静，稻禾绿意盎然的气势所向披靡。一朵金黄明丽的丝瓜花格外惹人注目，娇俏地眨着眼睛，是想成为万众瞩目的焦点，还是试图以一己之力攻陷整片绿色稻田？飞来一只身披金色绒毛的蜜蜂，艺高人胆大，稳操胜券地扑向这朵骄傲的丝瓜花，撅起屁股悬挂在花蕊上，啜饮花蜜，采集花粉，萃取其中的意义。

我和夏天几乎同时发现，一只瓢虫匍匐在阿香的一枚最棒的稻叶上。瓢虫橘红的胸背板，质感光滑圆润，闪耀着炫目的金属光泽，成为大片绿中的点睛之笔，完美得令我啧啧赞叹。瓢虫拥有天赋异禀，作为身怀绝技的出色猎手，深谙觅食之道，捕虫效率超高，食量惊人，一天之内能吃掉上百只蚜虫，为帮助农民清除蚜虫危害发挥着非凡的作用。瓢虫体形小巧，却有大志向，美丽的童话光芒永不褪色。盛夏的稻田是瓢虫的诗和远方。夏天严肃地示意我不要过于激动，不要打扰这只瓢虫。夏天端着相机，屏息静气，调节镜头聚焦瓢虫。瓢虫表现出罕见的无畏和沉着，没有慌乱地展开鞘翅飞走。一动不动，保持缄默。善于沉默，自有其重大意义。它在等待一个重要时刻的来临，以最大的耐心，静候心上人如约而至吗？瓢虫可以通过特殊信息素的气味感知到彼此。阿香乐于玉成它完美地坠入爱河。瓢虫的深情等待不会落空。

一朵金黄明丽的丝瓜花格外惹人注目，娇俏地眨着眼睛，试图以一己之力攻陷整片绿色稻田。一只蜜蜂飞来啜饮花蜜，采集花粉。

阿香积攒着力量，按照自己的生命节奏生长，抽穗扬花指日可待。晌午时分，热浪袭面，无数只蝉的激情全面迸发，齐声鸣叫，声震耳膜。一些蝉发出的嘶叫如金属之声尖锐凌厉，与凝滞的阳光和热气蒸腾的空气产生摩擦，愈发灼热。我们选择距离阿香不远的玉米地的路边作为午餐之地。小英将干泡面、黄瓜丝、葱粒、调料、鲜柠檬片、葡萄串以及餐盘和茶水摆放在树阴下铺开的三片宽大的芭蕉叶上。夏天采撷大把野花装点在芭蕉叶一角，美感十足。阳光和婆娑树影随风在地面餐桌上美妙地晃动。夏天留守原地。我和小英步行前往郑大爷家。

郑大爷刚从田间回家，光着古铜色的上身，左耳夹着黑褐色烟卷，气定神闲地坐在堂屋的木桌边，手摇蒲扇，盯着电视屏幕。涂大娘忙着操办猪食。小英张罗烧开水，冲泡面。我不时询问郑大爷，水稻何时抽穗扬花。

回到夏天身边，野餐正式展开。小英心灵手巧，亲手加工的泡面与众不同，味道和口感令我们连连称赞。玉米作物近在咫尺，俊秀挺立，高低不一地托举着嫩玉米棒，仿佛整齐列队围观我们惬意的美餐。微风在玉米地里穿梭，轻盈地拂过玉米棒的脸庞和长须，纷披的碧绿长叶如衣袂摇摆，哗哗作响。正午的阳光与叶面碰撞，光斑跳跃，令人着迷。食物的味道弥散开去，蜜蜂、蝴蝶、鸟儿、蚂蚁以及蚊蚋循味而来，一探究竟，伺机寻找机会分走一杯羹。知了对泡面不感兴趣，冷嘲热讽嘴馋的鸟儿。一只饥肠辘辘的鸟儿在树枝间气急败坏地上蹿下跳，大声训斥知了多管闲事。再微弱的食物气息也逃不过蚂蚁超凡的嗅觉。蚂蚁胆大妄为，络绎不绝，明目张胆地爬到芭蕉叶上——铺在地上的餐桌——与我们同桌共餐。蚂蚁攻城略地，地面餐桌很快全面沦陷，好在我们已酒足饭饱。

两片薄云漂浮在山头的树冠上，天空晶亮发蓝。野餐结束，收拾碗筷和残留物，挥手道别阿香和稻田。夏天率领我们到湖边的缓坡地带刨地果。

　　一只瓢虫葡匐在水稻叶片上，橘红的胸背板，质感光滑圆润，闪耀着炫目的金属光泽，完美得令人赞叹。

▎刨地瓜

　　午后两点，阳光灼人，酷热难当。我们头顶烈日，安静地经过夏天妈妈最钟爱的菜园，沿着一条快被杂草攻陷的土路蜿蜒爬上缓坡。灌木丛生，藤蔓纠缠，野蓬遍地，夏天俯首弓背寻找地果植物。地果又叫地瓜、地石榴和地枇杷，榕属匍匐木质藤本植物，通常自然成片生长在低山坡的乔木灌丛边、沟边以及疏林下的浅层泥土中。

　　"地瓜！这里有地瓜！快来看呀！"夏天带着喘不过气来的兴奋感，连声招呼我们赶紧到她身边。夏天把地果叫作地瓜。地瓜植物贴地而生。夏天慧眼选定一株，撸起袖子，马上现场亲自示范如何刨地瓜，不失时机地证明自己是多么的出手不凡。夏天屈膝蹲下来，双手分开如鳞似甲的深绿密叶，轻轻刨开地瓜植物根部的泥土，渐渐露出来三颗果皮绯红发紫的小果子，分别如小指头和大拇指头一般大小，像是一个个袖珍石榴——地瓜又叫地石榴。"地瓜！这就是地瓜！"夏天两眼波光粼粼，额头上的汗珠闪闪发亮，无比激动地指着地瓜说，"地瓜皮红了，表明成熟了。你们知道地瓜的味道有多美吗？"

　　夏天满脸久别重逢的感动，眼泛晶莹泪光，别开脸去，沉默稍许才动手摘下三颗地瓜。夏天将最大的一颗地瓜擦拭干净，万般珍惜地摩挲，一如抚摩珍贵的宝石。夏天掰开地瓜，观察片刻并嗅闻后递给我品尝。我接过地瓜，细细端详，鲜红的果肉里露出了密密麻麻的微小籽粒，汁水紫红。将果肉贴近鼻孔嗅闻，香气清幽迷人，瞬间蔓延至五脏六腑，动人心魄。尝一小口，果肉甜甜的，沙沙的，幸福的闪电直击内心，难以言喻的感动。真香啊！我激动地向夏天表达感受，随手将地瓜递给小英分享。夏天非常满意我对地瓜的赞美，关切地询问我和小英，小时候是否刨过地瓜？我们摇头说没有。夏天瞪大眼睛，满脸通红，怎么会没刨过地瓜呢？在她看来，没刨过地瓜的童年是多么无趣啊！夏天，我们真的没刨过地瓜呀！我们再次诚实相告。夏天红扑扑的脸颊露地果又叫地瓜、地石榴和地枇杷，榕属匍匐木质藤本植物。地果如小指头和大拇指头一般大小，像是一个个袖珍石榴。

出罕见的失望，兀自摇头，忧伤地叹息。

夏天蹲着继续刨地瓜。在我看来，夏天不只是在刨地瓜，而是在饱含深情地打捞童年岁月里失落的故事，寻找故乡天空曾经映照过少女时代那双清澈瞳孔的美丽云彩。地瓜承载着夏天美好的记忆。夏天的眼眸里闪耀着回到童年的光芒。地瓜唤起了夏天的回忆——

一个炎热的夏日午后，父母有事外出，把夏天和妹妹锁在屋里。正是地瓜成熟的时节，姐妹俩听到了屋背后缓坡上地瓜的召唤，急得像热锅上的蚂蚁，泪水在妹妹的眼眶里打转。夏天急中生智，找到了一个可以见缝插针、勉强挤身钻出去的角落。二人获得了自由，幸运而阔阔绰绰地拥有了那片空气香甜的缓坡。遍地的地瓜紧紧地攫住了她们的心，全然忘记了所有烦恼，以心心相印的默契，沐浴在血浓于水、相濡以沫的姐妹情深和温暖中，无比甜蜜地分享着幸福的滋味。

盛夏多有炽热的馈赠，馈赠那些不负自然的人。

地瓜让夏天色彩缤纷的过往记忆弥漫着芳香。每到地瓜成熟的时节，所有地瓜都在猜测和盼望：夏天今年会回来吗？夏天若是回到了这片缓坡，一切都变得明亮。万物光彩照人。满地密布的地瓜绿叶宛如绿宝石闪闪发光。否则，再好的天气，整片缓坡黯然失色，一切显得平庸而岑寂。

年复一年生长的无数地瓜，使这片属于夏天姐妹少女时代的宁静而美丽的缓坡，长久地飘散着一种令人魂牵梦绕的香甜味道。我恍然看到，貌美如花的姐妹俩熠熠闪光，温柔地照亮了这片迷人的缓坡，时而发出欢声笑语，时而放声歌唱。那些潜藏在浅层泥土下的金子般的果实都在屏息凝神，郑重地聆听像泉水一样清清亮亮又动人心扉的歌声而倍感幸福。

毋庸置疑，夏天的打捞作业取得了空前成功，在这里找到了逝去的童年。地瓜帮她牢牢地维系着乡愁记忆，童年的果实散发出的芳香陪伴着她走向锦绣未来。地瓜指引夏天发现了故乡的方向，召唤她踏上回归生命原生地的心灵之路。夏天没有辜负这片大地馈赠的这种既寻常又珍贵的乡土果实。

为阿香举行百天礼

7月8日，农历五月廿九。多云转阵雨。气温23℃～30℃。日出时刻06：06，日落时刻20：06。播种第100天。插秧第55天。

中国是古老的礼仪之邦。礼仪塑造我们纵横千年的信仰。礼，承载着中国传统文化的深刻情怀。中国人的一生，先后经历出生礼、满月礼、百天礼、周岁礼、成年礼、婚礼、祝寿礼……直到葬礼这一生命礼仪体系。礼有态度，也有温度。礼传天下，贯穿信仰，超越生命。

中华民族非常重视传统礼仪文化。在我国的文化观念中，"百"是一个吉庆的数字，含有圆满的象征意义。譬如孩子出生满100天，通常要庆贺，俗称"过百天"。民间习俗认为，孩子长至百日，基本摆脱了早夭之患，有了长大成人的希望，这一天具有重要的纪念意义，长辈和亲朋好友通过赠送长命锁等吉祥礼物表示祝贺，以图个顺利，一顺百顺。

夏季强有力地推进。今日是阿香播种下田的第100天，从秧田移栽到大田的第55天。这是阿香的生命历程中的一个具有里程碑意义的重要日子，值得庆贺和纪念。

为了给阿香"过百天"，彰显百天礼的仪式感，小英赤脚踩进稻田里，郑重而温柔地将一条粉丝带系在阿香身上，还绾了个蝴蝶结，撩人绮思的美丽。粉丝带象征吉祥如意、五谷丰登、国泰民安，寄托我们对阿香最美好的祝福。阿香的株型理想，身系粉丝带更加漂亮，光彩照人，不愧是这片稻田里的颜值担当。我们并肩站在阿香面前，举行仪式，最美好地祝愿阿香再接再厉，在接下来的孕穗、抽穗、扬花、灌浆直至走向成熟的各个阶段一帆风顺，诸事顺利圆满。

161

小英致阿香百天礼的祝福——

时光飞逝，春往夏来，不知不觉你已满百日，我提前几天为你准备了一条漂亮的粉丝带。在我的心里，粉色代表一切美好的事物。阿香，粉色代表着我对你最真挚的爱。

阿香，今天是属于你的日子，值得祝福和庆贺。清晨我怀着喜悦而激动的心情，早早地来看你。你身上挂着晶莹闪亮的露珠来迎接这个美好的日子。我心里有很多话想对你说，可是一旦站在你面前，却不知从何说起。我赤脚下田，为你系上粉丝带，千言万语都温柔地浓缩在这条粉丝带上了。系上了粉丝带的你，漂亮极了！毫无疑问，粉色最适合你。

阿香，从播种到秧田的那一天起到如今，我一直都在关注你的成长。无论白天和黑夜，不管好天气还是坏天气，你无所畏惧，排除万难，顽强地生长，俘获了我的心。我为之感动，深受鼓舞，获得了理解生命奥秘的启迪。你如此努力，如此优秀，如此完美！阿香，请把我的这份深情满满的祝福，传递给稻田里的每一蔸水稻。祝福你，赞颂你，如同礼赞万物。期盼着你结出累累金色稻谷，用丰收回报滋养你的大地！阿香，心怀执念，奔赴热爱，请继续加油！

夏天致阿香百天礼的祝福——

阿香，你满100天啦！感谢你把这份喜悦带给了我。从秧田移栽到这里，你欣盛成长，浑身凝聚着天地精华，由内而外地散发出灵气，闪耀着生命的靓丽光泽。惊叹你的生命之美，为你感到骄傲。在明媚的阳光下，你容光焕发，风华正茂，如日中天，蓬勃旺盛的生命气息扑面而来。一个又一个日子因你温暖而闪亮。阿香，我由衷地赞美你，祝福你！相信你不会懈怠，期待着你在盛夏流光溢彩的日子，抽出最美的稻穗，开出最香的稻花！

郑家沟晴朗的早晨，水稻蓬勃生长。

播种下田的第100天，给一蔸叫阿香的水稻"过百天"，一条吉祥的粉丝带系在了阿香身上。

系在阿香身上的粉丝带绾了个蝴蝶结，象征吉祥如意、五谷丰登、国泰民安，寄托着对所有水稻最美好的祝福。

无花果成熟了

7月14日，农历六月初五。多云。气温25℃～34℃。日出时刻06：09，日落时刻20：05。播种第106天。插秧第61天。

根据天气预报，今日雷阵雨转暴雨。为了观察暴雨中的稻田，我起了个大早，在行车路上想象着回到少年时的情景：稻田上空，电闪雷鸣，倾盆大雨哗哗砸落下来。稻田里灌满了雨水，水势壮大，白花花的流水从田埂豁口渗出到灌溉渠里。我头戴斗笠，身披蓑衣，光着双脚，冒着大雨，将撮箕的撮口对准田埂排水的豁口，鱼虾在撮箕里不知所措地蹦跳……

赶到郑家沟时，早晨八点多的阳光倾泻到阿香的稻田里，根本没有下雨的迹象。我站在田坎边一棵高大柏树的脚下，扫视稻田，眼睛忽然一亮，五米开外，三蔸水稻捷足先登，抽出了穗子，抢先一步庄严宣告，阿香的稻田里的水稻即将大面积抽穗开花！

群蝉肆意聒噪，蝉声浩荡，郑家沟的各个角落都被它们不遗余力的喧哗填满了。在靠近玉米地的田坎上，堆放着收割了嫩玉米后的秸秆。红薯藤长势茂盛。地里的生姜植物长出了半米高。一个月前，一个农民在这块地里种植生姜的情景历历在目。

在隔壁的稻田里，我发现两只鸟儿狼狈为奸，争相啄食一蔸水稻嫩黄的颖壳。穗子刚抽出来，嘴馋的鸟儿迫不及待地飞来大饱口福。一只鸟儿扭头瞅我几眼，察言观色，审时度势，意识到明火执仗、公然打劫并非明智之举，便率先飞离稻田。尚未填饱肚子，如意算盘落空了，最后起身飞走的鸟儿，带着愠怒的眼神瞟我一眼，铁青着脸，咕哝道：哼哼，你破坏了我们的一顿大餐！

我屈膝蹲在阿香面前，悉心观察，安静地陪伴阿香度过一段时光，安静地感受彼此生命中的此时此刻。我总能和阿香产生心灵感应，彼此

165

的互动隐秘而奇妙。阿香没有时间享受夏日的慵懒，一刻不停地为抽穗扬花积攒着能量。从阿香的一根根粗壮饱满的圆秆中，明显看到了抽穗在即的强劲势头。与此同时，为了不辱使命和不负众望而承受的压力也初见端倪。

太阳火辣辣地炙烤着我的脖子，灼灼发烫。稻田热气蒸腾。我和小英汗流浃背地钻进郑大爷家里。郑大爷照例光着上身，目光炯炯，坐在堂屋他惯常坐的凳子上休息。入伏以来，郑大爷和涂大娘几乎都在一早一晚下田干活。二老今早5点就起床了，郑大爷给水稻喷洒农药，涂大娘给红苕藤施肥。郑大爷说，近来稻田里虫子多，这两天还要给水稻再打一次农药。

郑大爷缓缓起身，从冰箱里拿出两个无花果，递给我们一人一个。我接过来，撕开薄薄的紫红色果皮，露出白嫩细腻的果肉，香气四溢。咬一口，糯软香甜，果肉里细小的颗粒给人鱼子酱般的口感。冰凉香甜的滋味，生津止渴，清凉降暑，燥热的心平静了下来。

我惬意地品尝着无花果，不禁回想起，在春潮涌动的三月，在浸种催芽的那天，夏天从无花果树上摘下一枚嫩叶，放进浸泡稻谷种子的陶钵里，漂浮在水面上。一颗温柔之心散发出的馨香和寄予的最美好的祝福，通过光洁嫩绿的叶片传递给水中的每一粒种子。转眼间，从种子发芽、秧苗移栽到大田，迄今超过百天了。无花果叶子也由春天的稚嫩变得叶阔如掌，经过阳光和雨水轮番抛光，叶脉清晰，叶映日光，叶面如同光洁的镜子，闪烁着绿色革质的油亮光泽。挂在枝叶间的果实日渐成熟，果皮变成了紫红色，格外诱人味蕾。

夏日的阳光将田坎边一棵高大的柏树投影到稻田里。

大　暑

7月22日，农历六月十三。多云转阵雨。气温24℃～34℃。日出时刻06：14，日落时刻20：02。今日大暑节气，开始时刻22：26：16。播种第114天。插秧第69天。

大暑是夏季最后一个节气，时值三伏天的中伏，进入一年中最炎热的天气。在高温高湿天气期间，正是水稻生长最快的时候。水稻属高温作物，所有籼稻、粳稻类型的早、中、晚稻品种都具有喜高温特性。水稻抽穗开花期的适宜温度为25℃～32℃。籼稻的最低临界平均温度为22℃。如果天气连续三天低于临界温度，抽出来的稻穗容易形成空壳和瘪谷。杂交稻对温度更为敏感，灌浆结实期要求日平均温度在23℃～28℃之间。

早晨8点过，我就到了红光村。郑大爷家的大门紧闭着。房顶上没有飘出袅袅炊烟。郑大爷和涂大娘有事外出了？还是早起在田间地头劳作之后，回到屋里正在睡回笼觉？

在浸透朝露的时光里，我沿着田埂走向阿香。稻田里无数叶尖挂着点点露珠，晶莹剔透，闪着光亮，像万千珍珠，状如满天星辰。田埂上厚厚一层青草，露水盈盈，双脚软软地踩踏而过，鞋子和裤腿濡湿一片，脚步声惊起青蛙、癞蛤蟆、蚱蜢、蟋蟀等从草丛里蹦跳起来，纵身跃进稻田里，瞬间隐没在稻禾中。一张沾满露水的蜘蛛网闪闪发光。一只蜘蛛趴在网上啜饮露水，同时精心掌管着自己亲自编织的蛛丝网——这是自然界的奇迹之一。盯着蜘蛛惬意地畅饮琼浆玉液，不禁回忆起，念中学时，我在作文里写出了这样的句子："早晨，我大步流星地走在露水打湿的田埂上……"老师在旁边用红笔批注，幽默地批评我用词不当："露水打湿的田埂，不宜大步流星，请走慢点，小心滑倒啊！"此刻我忍不住笑了。脚下的露水田埂确实湿滑，稍不留神，就会滑倒。老

阿香的一根圆秆紧紧包裹着稻穗，穗子在努力挣脱最后的束缚。

师的批评是对的。

我来到了阿香的稻田的田埂上。一直矗立田坎边的那棵大柏树被暴风雨刮歪倒了，幸好没有倒伏在田里，没有压着水稻，否则会造成水稻的损失。

在阿香的稻田里，少量水稻抽穗开花了。绝大部分水稻在最后的孕穗之中，形成了一根根圆秆，表明即将大面积抽穗。水稻孕穗的过程比较长，为了积攒到足够的能量，需要吸收充足的水分和热量，以便在很短的时间内爆发出抽穗扬花的磅礴力量。明显感到，在水稻的圆秆中，有一种力量在蠢蠢欲动。

我站在阿香身旁。阿香的稻叶微微颤动，微妙地回应我的问候。阿香的每一根圆秆都紧紧包裹着幼穗，表明孕穗充分。少量暴露出的一粒粒嫩黄的颖壳，就像是一个个在母腹中的婴儿相依相伴，提前露脸张望外面的世界。阿香抽穗进入倒计时，就像妈妈怀孕到了后期，即将临盆待产。阿香盼着自己的"稻宝宝"快点出来。稻宝宝们听到了召唤，非常懂事地把小胳膊和小腿抱在一起，都试着加把劲，配合着母亲，一起慢慢地朝着圆秆的顶端向上顶，以便挣脱最后的束缚，一举迸发而出。稻宝宝们努力地积攒能量，齐心协力发出最后冲刺，令人暖心又感动。

稻宝宝们在"母腹"中屏息静气，蓄势待发，呼之欲出，激动人心的时刻正在到来。经过一场伟大的孕育过程，阿香做好了待产的准备，稻宝宝们即将出现在这个此生值得一过的世界上。

我趴在田坎上，心脏紧贴大地，伸长脖子从水稻的根部看进去。无数稻株密密匝匝，遮天蔽日，俨然黑压压的广袤森林，别有洞天。这是鱼儿、泥鳅、黄鳝、青蛙、小龙虾以及田螺等众多生灵共同栖身的如同迷宫般的天堂。一条游动的鱼儿搅乱了我倒映在水里的影子。一只田螺从头部伸出黑色触须，探测周遭动静，缓慢爬行时搅起雾状浑水。不禁想起小时候，在晴朗的盛夏夜晚，我跟着大人，举着火把，在稻田里捉黄鳝和泥鳅的情景历历在目。

阿香处在抽穗在即的关键时期。我尊重阿香和水稻们秘而不宣的隐私。她们需要时间和空间，在不被任何人干扰和窥觑的情况下，秘密地

阿香抽穗在即。

处理自己的事情。劳心竭力地做好自己可以做到的，其他的交给时间。敬畏天地神灵，恪守自然法则，保证生命的圣洁与神圣不被玷污。于是我转身离开阿香，离开稻田。我和阿香又静静地回到了各自生活的世界。我期待着与阿香的下一次见面。生命中更多的时间是用来等待的。生命的意义在于等待。时间不会辜负每一个沉着而耐心等待的人。

蝉鸣毫不收敛，蝉声震耳欲聋，不给世界一分一秒的安静。一只成年母鸡挺身而出，以一己之力对抗众蝉的喧哗。这只母鸡刚产下一枚鲜蛋，咯哒咯哒骄傲地鸣叫着，高亢嘹亮的叫声势如破竹，穿过闷热的空气和悄无声息的村子，在稻田上空响亮回荡。我汗流浃背地走过去赞扬母鸡。它红光满面，神采奕奕，一身正气，胸怀天下，理直气壮地纵情歌唱。

走进夏天妈妈家里，小苹果冲着我欢快地摇摆尾巴，直抒胸臆地热烈表达想念和欢迎。休息片刻，我跟随夏天妈妈到菜地里采摘豇豆、番茄、辣椒和南瓜。豇豆、番茄和辣椒都已过了鼎盛期，进入到挂果的尾声。豇豆藤日渐干枯，一些老豇豆萎蔫得欲落未落。番茄植物也难掩颓势，三五个青皮小番茄显得营养不良。盘踞地面的一个个大南瓜，形色朴拙厚重，成了整个夏季的压轴瓜果。随着南瓜的老去，意味着夏季瓜果的辉煌不再。倒是茄子给了我一些惊喜，茂密的叶子遮蔽不住深紫色的茄子发出暗沉的光芒。夏天妈妈说，就要翻地播种秋冬季节的蔬菜了。换季蔬菜将取代夏季瓜果，热爱绿叶蔬菜的人们将在十月获得安慰。

蟋蟀与阿香

　　高天流云，七月已深。在酷暑炎夏里，侧耳倾听，是谁在稻田里抚琴和吟唱？原来是一只风流倜傥的蟋蟀，把阿香的一片弯弯的稻叶当成琴弦在弹拨，发出"唧唧，唧唧……"的美妙音符。多情善感的蟋蟀，千里迢迢地赶来为阿香演奏一曲高山流水，吟咏生命之歌。

　　这个动人的画面令我低声吟诵《诗经》中《七月》的诗句："七月在野，八月在宇，九月在户，十月蟋蟀入我床下。"七月里蟋蟀在野外鸣叫，八月里蟋蟀来到屋檐下，九月里蟋蟀进入窗户内，十月里蟋蟀钻到我床下。此刻还想起了白居易《夜坐》的诗句"梧桐上阶影，蟋蟀近床声"和陆游《秋兴》的诗句"蟋蟀独知秋令早，芭蕉正得雨声多"。梧桐浓密的阴影爬上石阶，蟋蟀在床边鸣叫。密集的雨点打在芭蕉叶上，蟋蟀感知到了秋天的来临。

　　蟋蟀的抚琴和吟唱，既是献给阿香的颂歌，对阿香的赞美，亦是感叹时光迅疾流逝，如梦幻一般的好日子转眼成为珍贵的回忆。提醒我们珍惜光阴，珍惜活在当下的幸福。生活多有馈赠，馈赠那些懂生活的人。

　　微风在稻叶之间穿梭，叶尖微妙颤动。阿香谙熟微风捎来的讯息，心领神会，信心满满地回应：这里空气很好，晚上天色湛蓝，星斗满天。白天充分吸饱阳光。阳光是我们当下最迫切的需求，再吸收几天火辣的阳光，就会积蓄到足够的能量。在即将吹来的秋风中，我们用累累的稻穗铺陈金色稻田，制造出一个完美的国度。我们将在这里度过美好的一生。

一只蟋蟀把阿香的一片弯弯的稻叶当成琴弦在弹拨，发出动人的旋律。

▍阿香抽穗扬花啦

7月28日，农历六月十九。晴转多云。气温24℃～36℃。日出时刻06：17，日落时刻19：58。播种第120天。插秧第75天。

朝霞满天，又是一个酷热的夏日。我驾车朝南行驶。自从6月27日成都天府国际机场正式通航之后，成资渝高速公路的车流量明显急增。当我的汽车从右侧匝道驶入通往资阳方向的高速公路时，车流量骤然减少。这是奔向阿香的旅程。我心里惦记着阿香和阿香伫立的稻田，似乎感到隔空也能与阿香实现遥远的精神呼应。我不止一次想象过自己化身为一株水稻，站在阿香身边，脚踩大地，头顶天空，夜以继日，切身感受阿香和水稻们的理想与抱负，欢欣与骄傲。与稻田日夜厮守，目击季节流转，感受沧海桑田，总让人心头滚烫。

每次走近稻田，阿香和水稻们排着整整齐齐的队列，优雅地向我行注目礼，我受到了最隆重的迎接。通过彼此的赤诚相见，最美的生命光华撞入心扉，使我忘却了虚名浮利、物欲的羁绊和自身的一切浑浊不堪。我每次都要在阿香面前低低地蹲下来，彼此温柔对望。细致观察阿香的生长过程是我现在最大的乐趣。我以我的方式尊重阿香和热爱阿香。这是我与阿香最好的相处方式。阿香和所有水稻获得了我的全部赞美。阿香欣然扬起头聆听我对她的颂扬——对生命的礼赞。

根据天气预报，今日最高气温将在正午前后达到36℃。高温高湿天气有利于促进水稻抽穗扬花。在稻田里，阿香和水稻们已然吸饱阳光，动力十足，一触即发，展现出一种跃跃欲试的渴望。我在田坎上听到最多的声音是：趁着阳光热烈，让我们来抽穗开花吧！

盛夏晴朗的日子，映衬出天空的蔚蓝。稻田里，成千上万只蜻蜓低空飞舞盘旋。这些蜻蜓的聚集行为意味着什么呢？为了集体捕食虫子吗？还是表演着它们的繁殖之舞？或者为了阿香和水稻抽穗扬花而来？

难道它们已然知晓这片水稻就在今日全面迸发抽穗的激情，为了亲眼目击在浓烈灼热的阳光下水稻大面积抽穗扬花的惊人盛况？一只山斑鸠飞来落脚到切割稻田上空的一根黑色电线上，咕咕地低沉鸣叫几声，便安静下来，居高临下地俯视着稻田的动静。这只斑鸠似乎很满意自己占据了一个最佳观察位置。在三月最后一天发端，在七月末抽穗扬花的神秘时刻，显然已经走漏风声。天机已然泄露。一场惊人的变化开始了。

一切全是为了等待一场花开！烈日高悬，一个伟大的时刻悄然迫近，生命传承的序幕紧锣密鼓地拉开了。耐心等待多时的无数支稚嫩稻穗，携带着强大的生命能量，齐心奋力挣脱茎秆的束缚，从茎秆顶端的茎鞘里拼尽全力冒出头来。稻穗上密密麻麻排布着嫩黄的颖壳，这些颖壳都不到一厘米长。颖壳分为内颖（内稃）和外颖（外稃），除了在开花时张开，其他时候均处于闭合状态。正午时分，在高温高湿的强力推动下，颖壳像蚌壳一样张开了。每一个张开的颖壳露出了6个颜色鲜黄的雄性花药（雄蕊），花药里挤满了花粉。水稻开花了！

水稻是一种两性花（同时含有雄蕊和雌蕊）的自花授粉作物。水稻按照自己的繁衍策略，用自己的花粉给自己授精——始于传粉，然后受精。稻穗的颖壳上开出的淡黄色小花朵称为颖花。颖花为圆锥状花序，被誉为水稻的生殖器官，其最大的特征是没有花瓣。颖花的雄蕊与雌蕊由内颖和外颖保护着。颖花里的花粉是水稻精子的载体，水稻生命延续的希望。开花时只需要自己的雄蕊把花粉授给自己的雌蕊即可受精。毕竟花粉的活力是有限的，难免会发生意外，受精的机会稍纵即逝。花药破开时，花粉必须分秒必争，抓紧时间行动至关重要，容不得丝毫松懈怠惰，不能有半点闪失。在这一刻，水稻使出浑身解数，竭尽全力发挥无比神奇的力量和非凡的智慧，以便保证在极短的时间内纷纷受精成功。颖花开放，花药开裂，药囊变空，呈白色薄膜状挂在花丝上。每一束稻穗上开出数十甚至数百朵颖花。每一朵颖花在开花受精后形成一粒谷粒。随后颖壳关闭。微风吹来，稻田里无数新抽出来的稻穗轻轻摇摆，稻叶涌动，以胜利者的姿态庄严宣告：我们取得了孕育生命的决定性的伟大胜利！

我有幸陪伴阿香经历了这一非凡时刻，亲眼见证了一个生命毫无保留地在我面前呈现出她那震撼人心的伟大的秘密。我没有错过这个千载难逢的神奇瞬间。阿香抽穗扬花了！在众多嫩黄的颖壳上，挂着细碎的小花朵。粒粒颖壳肌肤洁净，纤毫毕现，历历分明，香气浮动，每个极细微之处都焕发出生命的鲜活与柔情。每一粒颖壳都像是以孩子般的纯真目光，张望初来乍到的人间，看见了世界的光辉。

　　一只橘红色的瓢虫飞来紧贴在阿香的颖壳上，美轮美奂的童话色彩，成为抽穗扬花、孕育生命这一伟大自然奇观的点睛之笔。我记忆犹新地感觉到，在小暑节气那天遇见过这只神奇的瓢虫。那是一次不同寻常的夏日奇遇。此刻她再次出现，绝非偶然，必有某种"神性"，意义重大而深远，非同凡响。回想在120天前，阿香还是一粒普通的种子。一粒在春天苏醒的种子。现在阿香孕育出了新的生命，抽出的稻穗散发出千年万年的花香。阿香，我爱那时的你，更爱现在的你。在这个最奇妙、最激动人心的时刻，我的心全然融化在莫名的感动中。

　　太阳盛大，晴空万里，稻花飘香，一首经典歌曲的优美旋律涌上心头。这是一首我经常喜欢哼唱或纵情歌唱的歌曲。这首永久享有尊荣的歌曲的名字叫——《我的祖国》！

　　一条大河波浪宽，风吹稻花香两岸。我家就在岸上住……
　　这是美丽的祖国，是我生长的地方。
　　在这片辽阔的土地上，到处都有明媚的风光……

阿香抽穗扬花啦！

挂在稻壳上的花丝。

一条大河波浪宽，风吹稻花香两岸，我家就在岸上住……
这是美丽的祖国，是我生长的地方，在这片辽阔的土地上，到处都有明媚的风光……

一只橘红色的瓢虫飞来紧贴在阿香的颖壳上，美轮美奂的童话色彩，成为抽穗扬花、孕育生命这一伟大自然奇观的点睛之笔。

陆 丰收在望

夏去秋来，水稻全面走向成熟，沉甸甸的稻穗满载着丰收的累累果实压弯了稻秆，向大地低下了头。这是成熟者的谦逊之态，是水稻奇异的一生最精彩的样貌。秋风吹过稻田，水稻拥挤着，推攘着，欢呼着，憧憬着收获之日的载歌载舞。侧耳倾听稻田的声音，确有一种声音如同智慧的箴言：珍贵的稻谷，从稻田里长出来的金子，我们要懂得珍惜啊，心存感激！

银烛秋光冷画屏，轻罗小扇扑流萤。

天阶夜色凉如水，卧看牵牛织女星。

——[唐] 杜牧《秋夕》

邓师鬼工烦叱诃，稻田粒粒真珠多。

——[元] 杨维桢《送邓炼师祁雨歌》

‖稻花香里说丰年

7月31日，农历六月廿二。晴。气温24℃～37℃。东南风1级。日出时刻06：19，日落时刻19：56。播种第123天。插秧第78天。

一只绰号叫"少侠"的雄性青蛙，在皓月当空、春风徐来之夜，出落成一个英俊少年。是谁取的这个绰号，少侠记得不是很确切了。这个绰号让内心滋生一种英雄主义的骄傲。少侠并非出生于名门望族，一个在大地上自由成长的少年，天真无邪，静如处子，动如脱兔，身手矫健。嘴巴宽大，长长的舌头。扁平头部略呈三角形，两侧微鼓着耳膜。双眼凸起的清澈瞳孔像是两汪春水盈盈的池塘，映照着大地和天空。身体的背上，青绿的皮肤光滑柔软，带有深色条纹，遍布疣粒和黑斑。腹部为鱼肚白，肚子一鼓一鼓地搏动。前肢短，四趾；后肢长，发达而强健有力，五趾间有蹼。四肢弹性十足，柔韧性极好，拥有强大的跳跃能力。不仅用肺呼吸，还可通过湿润的皮肤吸取氧气。少侠对自己的身份的认知与众不同，一点儿也不喜欢"青蛙是属于蛙科的两栖类动物"这种冷冰冰的定义，而十分认同"青蛙是我们人类的朋友"这样有温度的表述。

眉宇间英气闪耀，一股少年侠气扑面而来。少侠身怀绝技，一个令虫子闻风丧胆的出色猎手，擅长伸出长长的舌头捕食田间害虫——用舌头分泌的黏液粘住虫子，闪电般地吸进口中。且拥有金属般的嗓音，歌喉出众，常在低处或大雨后呱呱地歌唱或声情并茂地咏叹。

少侠拥有一颗谦卑、纯真又高贵的心灵，对荣誉的渴望和勇往向前的品质与生俱来。诚恳聆听父辈的教诲，悉数接受训谕、关爱和祝福，知晓并牢记传承、赞颂和感恩的意义。听长者介绍，在郑家沟的稻田里，在杂交水稻之父袁隆平的点化之下，一株名叫阿香的水稻宛如一株菩提圣树，无与伦比，在郑家沟乃至沟外声名远播，闻名遐迩。少侠不可思议地被阿香吸引，激起了朝拜的强烈愿望。阿香生长的稻田，就是少侠的诗和远方。百闻不如一见，少侠怀着深刻的好奇心，决定奔赴郑家沟，奔赴一场盛大的收获。遵从自己的意志行事，勇敢地探索天地的宏伟，滋生大地一样的情怀，书写属于自己的传奇。

少侠拜访和请教了多位见多识广的长辈，认真了解前往郑家沟的路线和阿香生长的稻田。一切都准备好了。收拾行囊，道别小伙伴，带着亲人的祝福，怀着对信仰的珍惜和纵身入山海的雄心壮志，少侠朝着天空奋力一跃，踏上了追逐真善美的史诗般的朝圣之旅。这是少年生命中的第一次远行，须独自面对前方的挑战、致命的考验和吉凶难卜的一望无际。

少侠在幽深的原始森林般的稻田里踽踽独行。炎炎烈日炙烤着田野，蒸腾的热浪扑面而来。饿了，就地捕食蟋虫、稻飞虱等虫子。渴了，寻一处清水埋头长饮。累了，在阴翳中歇口气，短暂地思念故乡的亲人。想到远方的亲人也在惦念自己，耳畔便有微风掠过，抚慰心灵。一霎间，幡然大悟，对血缘、亲情和友谊的珍贵有了进一步的理解。两只完美的白鹭扑扇翅膀如天使般飞过头顶，对少侠的所思所想未予理睬。一个勇敢的跋涉者不需要怜悯。少侠振作精神，继续出发，不惧路途迢遥，一路爬行、弹跳、攀缘、划水……驰骋，是一种无翼的飞翔。时而感觉自己长出了翅膀，腾空飞行时几乎碰触到低巡的流云。穿田过水，拖尘带土，步履不停，飞驰如风，奔向阿香。

日落时分，残阳如血，烧红了半边天空，郑家沟的稻田一半暗影，一半金光灿烂，充满奇异鬼魅的诗意景致。飞鸟击空，身披晚霞，唱着黑夜低垂之前的最后一支歌谣。少侠来到了一棵参天大树脚下的稻田，不禁暗生疑窦，谨慎止步，警惕地搜寻危险的蛛丝马迹，通过眼球视网膜的神经细胞迅速输送到大脑视觉中枢，在最短的时间里做出判断，敏锐地察觉到暗藏其间的凶险，还嗅到了一股死亡气息。惊异地发现了这样一幕：前方三四米处，一只棕褐色田鼠匍匐在一蔸水稻跟前，仰头贪婪地盯着趴附在一枚稻叶上的一只玛瑙色蜗牛。这只田鼠一次又一次纵身跃起，三瓣唇下那尖利的三角形门齿几乎够着了蜗牛。蜗牛命悬一线，危在旦夕，但并不惊慌，镇静如常地缓慢向上攀爬。少侠终于看清楚了，心里一惊，从长相和外形特征判断，这不就是郑家沟那只赫赫有名的蜗牛吗？

少侠听说过有关这只蜗牛神乎其神的传说。这是一只褐云玛瑙蜗牛，外号"褐云"。褐云身背螺旋形贝壳——一座移动的房子，是它永远的家——慢吞吞地爬行，是大地上最为乐天知命的漫游者，令人发指的迟缓，无视时间的流逝，彰显着无尽的从容和淡定。貌似云淡风轻，柔软的身子里却蕴含着深邃而非凡的力量。褐云心灵简单而崇高，举手投足看似漫不经心，与世无争，但并非毫无建树。常以非凡的勇气和惊人的耐力缓慢攀缘植株，成功登顶的意义不亚于人类征服海拔8848.86米的珠峰。

大多数蜗牛全速疾爬的速度通常每小时约为8.5米。这只褐云蜗牛，在最佳状态下，却能以每小时10.25米的惊人速度在地面爬行。褐云雄心万丈，梦想着有一天，远渡重洋，前往英国诺福克郡（Norfolk）的康汉姆镇（Congham）参加蜗牛赛跑世界锦标赛，与从全球各地赶来的蜗牛一决高下。蜗牛赛跑世界锦标赛由英国人汤姆·埃尔维斯（Tom Elwes）创立于1960年代，每年举办一届。在1995年的比赛中，一只名叫阿尔奇（Archie）的蜗牛用两分钟爬行了33厘米，一举夺冠，成为地球上爬行最快的蜗牛。在这之后的历届蜗牛赛跑世界锦标赛上，迄今尚无蜗牛打破这一世界纪录。褐云发誓夺取冠军，捧杯荣归故里。

然而眼下，这只名叫褐云的著名蜗牛被田鼠盯上了。田鼠饥肠辘辘，饥饿难耐，迫切需要捕杀蜗牛充饥，解决胃部空无一物的燃眉之急。这时候，田鼠再次跃起，扑向蜗牛。就要够着蜗牛的刹那，田鼠伸出一只前脚，在空中用力一挥，一股狂风致使蜗牛从稻叶上坠落到稻株脚下。田鼠也从空中落水，砸起一团水花，疾速翻身，抖一抖浑身的泥水，扑向背部着地的蜗牛。蜗牛在劫难逃，注定成为田鼠的囊中之物。

在千钧一发之际，闪电般地，飞来一只刀螳，一记右勾拳重重地击打在田鼠的下颚，几乎同时一记左拳猛砸在田鼠的脑门上。田鼠两眼火星乱迸，措手不及，晕头转向。田鼠很快清醒过来，看清楚了突然杀出来的程咬金，原来是一只浑身草绿色的中华大刀螳，别称中华大刀螂。大刀螳的前足像两把大刀，头上的两根细长触角如同穆桂英挂帅戴在头盔上的翎子。三角形头部能转180°，可自如地旋转到身后观察动静。为了彰显气势，大刀螳舞动翎子，挥着大刀，昂起三角形头部，前足有力地支撑着地面，鼓着如铜铃般凸起的复眼，与田鼠怒目对峙。剑拔弩张，大战一触即发。田鼠摇摆两下短尾，虚张声势，凶猛地扑向多管闲事的大刀螳。大刀螳勇敢地迎战对手，运用地地道道的螳螂拳术进行搏击，飞腾跳跃，勾搂刁采，犹如风摆杨柳，静如山岳，动如雷炸，跟田鼠厮杀得飞沙走石，天昏地暗。

一群善良的鸟儿闻讯赶来，担心大刀螳敌不过田鼠。一只涉世未深的小鸟对眼前的兵戎相见无法理解，生命如此不易，为何不彼此尊重，相互关爱，化干戈为玉帛，共同维护一个美好家园？竟然屠刀高举，以强凌弱，弱肉强食，这个世界还有正义、和平与安宁吗？这只小鸟心急如焚，眼泪啪嗒啪嗒地砸在稻叶上。

大刀螳渐感体力不支，节节后退。田鼠一口咬住了大刀螳的右前足。大刀螳的左前足紧紧勾住一根稻茎，身体才没有被田鼠吸食进口中。情况万分危急，大刀螳快撑不住了。蜗牛显得异常沉着冷静，看在眼里，急中生智，全身骤然爆发出决死拼斗的勇敢和不同寻常的力量，瞬间分泌出浓稠的乳白色黏液，腹足紧紧粘住水稻茎秆，头部拉长柔软的身体，嗖地射向田鼠，像是一支疾飞的箭镞，势不可挡。弱小的生命，并不意味着没有战斗力。蜗牛头部分泌的黏液牢牢地粘住了田鼠的一条后腿，拼尽全力往后拉拽，不让田鼠杀死大刀螳。田鼠使出浑身解数，挣扎着摆脱蜗牛的拉拽，致使蜗牛背上沉重的壳失去平衡，突然翻转到身体下面，软长的身体扭曲成麻花状，且拉长到了极限，眼看就要断裂了。

说时迟那时快，蹲伏在近旁观察的少侠满血复活，一跃而起，迅疾如闪电，竭力拉伸后肢肌肉，惊人地将腿部肌肉的柔韧性发挥到了极致，一条后肢有力地踹向田鼠。田鼠猝不及防，发出吱地一声惨叫，尖嘴松开了大刀螳的右前足，在浑浊的泥水里接连翻滚几下，搅起水花四溅。与此同时，粘住田鼠后腿的蜗牛被猛地抛向空中，翻滚着下落。少侠眼疾手快，再次纵身跃起，一个仰望着天空的纵跃，用柔软的青绿背部接住蜗牛，像高空跳伞者一样张开带蹼的后肢，保持着身体的稳定与平衡，驾轻就熟地控制着降落的姿态和速度。在空中加速下落的少侠瞪大双眼，获得地图般的高空俯瞰，俯瞰广袤田野的万千气象，宛如扑向大地宽广的胸膛，投入一个伟大的怀抱。一种震撼人心的美迎面涌来，全然忘记了这一场惊心动魄的刀光剑影。少侠精准地，稳稳落脚到冒出水面的一处泥块上。少侠的这一连串动作，一气呵成，无懈可击。田鼠看得目瞪口呆，大惊失色。少侠保护着蜗牛和大刀螳，并未上前与田鼠殊死对决。胜负还未确定，然而一见寡不敌众，田鼠无心恋战，潦草收场，仓皇转身窜出稻田，钻进了大树下暗影诡谲的乱草深处。少侠没有以胜利者的姿态嘲笑和鄙视逃窜的失败者。尊重对手，敬畏生命，没有谁可以永远战无不胜，没有谁能够永远立于不败之地。

稻田又一切如常。黄昏一如既往。郑家沟的这个金色黄昏，却是少侠经历的一个最危险、最为惊心动魄的黄昏。在这个黄昏里发生的故事必将脍炙人口，家喻户晓。

少侠英勇地阻止了一场血腥屠戮。大刀螳的右前足被咬伤了，蜗牛的腹足也拉伤了，幸亏都无大碍。蜗牛神态自若，情绪稳定，摇摆触角感谢大刀螳以死相救，感谢少侠在生死攸关之时的出手不同凡响。大刀螳拱手感谢少侠路见不平，拔刀相助，出奇制胜。大刀螳和蜗牛不约而同地询问少侠：英雄尊姓大名，救命恩人来自何方，去往何地云游？少侠如实相告，原本想在月亮升起之前赶到一株水稻名叫阿香生长的稻田，拜访阿香。

这是少侠第一次被尊称为英雄。少侠单枪匹马的军队冲锋陷阵，所向披靡，体现了一个孤胆少年的沉着、冷静与无畏。英俊少年大放异彩，声名鹊起，就此荣耀加冕。自古英雄出少年。郑家沟的广大稻田是少侠创造英雄史诗业绩的理想舞台。郑家沟需要这样的英雄。人类精神的天空需要英雄。尽管轻慢甚至亵渎英雄的事件时有发生，但是敬重和崇尚英雄的年代未曾过去。英雄主义的光芒依然照耀着这个风云变幻、千疮百孔的世界。

　　少侠与大刀螳和蜗牛缔结了莫逆之交、金兰之契。相濡以沫，不如相忘于江湖。少侠祝福大刀螳尽快养好足伤。祝愿蜗牛早日奔赴英国，踏上参加蜗牛赛跑世界锦标赛的伟大旅程。

　　挥手道别，各自珍重，奔赴前程，从此千山万水，天涯互远，海阔天空。

　　太阳和白昼相继消失在大地的尽头。暮色涌来，黑夜悄无声息地降临了。稻田边的那棵大树化成了一幢高耸的黑森森的巨影，显得讳莫如深又伟岸有力。郑家沟沉入黑暗。一切重归平静、安详。萤火虫开始活跃，一闪一灭地发出黄绿色的荧光，表达爱意的方式神秘而迷人，星星点点，照亮了夜间的稻田。雌性萤火虫没有翅膀，不能飞翔，在地上用荧光进行定位，吸引雄性萤火虫飞来交配。雄性萤火虫飞行夜空，专注于追寻地上最亮的光点，与最心仪的对象共赴巫山，一亲芳泽。萤火虫在地面交配结束，双方就会分道扬镳。雄性萤火虫将在数天内死去。雌性萤火虫则停止发光，一心寻找产卵的地方。在萤火虫短促而灿烂的一生中，几乎不进食，肩负的唯一使命就是寻找配偶，繁殖后代。

　　月亮升起之前，在热烘烘的夜色中，萤火虫在稻田上空轻舞飞扬，一闪一闪似繁星，一道无比奇异的美景。郑家沟变成了一个梦幻般的童话王国。一个真正的天方夜谭的秘境。少侠蹲伏高处，瞪大球状眼睛，被眼前奇妙的景象惊呆了，深深地、湿润地、沉浸于莫名的感动之中。这是美丽新世界给予的珍贵的馈赠。这是对一个勇敢的长途跋涉者最好的奖赏。少侠获得了激动人心的鼓舞和神圣的启示——不要拘泥于一方天地，切莫成为井底之蛙。仰望天空，纵身跃出逼仄封闭的深井，勇敢地去见识多彩而博大的世界。不驰于空想，不骛于虚声。整日在脑海里堆砌着憧憬而不行动，永远也体会不到如此灿烂的遇见带来的喜悦。

　　萤火虫完成了它们的使命，发出的荧光渐渐微弱，黑夜重新笼罩郑家沟。少侠对于方兴未艾的夜晚有一种与生俱来的钟爱。少侠不为功名所累，接着动身赶路，凭直觉判断，阿香的稻田就在前方不远处。在少侠从未涉足过的这片田野，生命的合唱不绝于耳。一只蜘蛛从稻叶上滑下来，垂在少侠脸前，谦恭地表达景仰。少侠即刻止步，郑重地向这位擅长纺织的能工巧匠致意。结网性蜘蛛拥有天赋异禀，银光闪闪的蜘蛛网堪称自然界的杰作之一。少侠善待周遭，尊重一路上那些或明或暗的追随者。这些追随者各有其不凡之处，即便最微小的生灵也会做着伟大的事，也能够创造奇迹。少侠清醒地意识到，不能带着一丝血腥气味去朝拜圣洁的阿香，于是投身一跃，扑进稻田旁边流水淙淙的灌溉渠里，濯洗一身的战火硝烟，洗净每一寸肌肤，然后以最标准的蛙泳姿势逆流而上。一群鱼儿迎面而来。素昧平生，萍水相逢，彼此友善地问候。这群鱼儿如百舸争流，匆匆消失在夜色中的清波里。这些鱼儿过着行云流水般的生活，它们的悲伤和欢乐的生命经历不可替代。少侠提醒自己不要贪恋水中惬意无比的时光，随即跃上渠堤，与一只埋头匆匆赶路的蟋蟀撞个满怀。彼此致歉，互相问候，各自都有奔赴的目标。蟋蟀急着奔赴一场约会。少侠远道而来拜见阿香。

郑家沟的田野里藏着深沉的秘密。蟋蟀在这里土生土长，熟悉阿香的位置，指着一团朦胧光亮对少侠说，阿香就在那里！蟋蟀富有感染力的肢体语言，表明它是多么的崇敬阿香。阿香散发出的那团微光，透出一种过目不忘的异样之美。时光珍贵，各自听到了召唤：不要耽迷于眼前，继续上路吧！少侠拱手祝福怀春的蟋蟀和心上人完美地坠入爱河。蟋蟀仰脸祝愿少侠在阿香身边度过一个最美好的夜晚。蟋蟀挥手告辞，纵身一跳，扑进黑夜辽阔的怀抱。少侠毫不犹豫，一头钻进稻田。黑夜如此亲切和重要，少侠拥有很强的夜视能力，时而埋头疾奔，时而迈着庄重的步伐，敏捷地穿行在如广袤森林般的稻株之间，奔向阿香的那片光亮。

月亮升起来了，在树冠之上露出了半边脸。阿香的穗子清晰可见，少侠看见了她身上发出的华美的光辉。少侠心头涌起激动的战栗，心跳怦怦，但头脑清醒，不能仓促、冒失、轻浮地出现在阿香面前。即刻止步，安静地蹲伏在及腹的浅水里。他注视着，倾听着，准备着，如箭伏弦，安静地等待着一个重要时刻的来临——等待月亮升到半空某个高度，方才动身抵达。朦胧的月光下，万千稻穗布满深邃的天空。少侠深深地呼吸，驱逐疲惫，抖擞精神，整理着装，活动四肢，低声地试试嗓音，在心中默唱了一首献给阿香的歌。眼膜一阖一开，将凸起的眼球擦得晶亮，如同玻璃般透明。虫子们突然敛声静气，生怕惊扰了月亮的升空爬高。一切都在屏息凝神地等待着一个伟大时刻的到来。少侠准备好了，瞪大眼睛，注视着近在咫尺、身披银色月光的阿香。

一轮盛大的圆月静挂半空，散发出无限的银辉。阿香婆娑的身躯正好投到月亮上，成为迷人的剪影，一尊神圣的雕像。明月赋予了少侠朝拜阿香的庄严神圣的意义。阿香身披静谧温柔的月光，闪耀着无比迷人的光辉。没有比这更震撼人心的彻底的美了。少侠再次看呆了，心灵被紧紧攫住。星月晶莹，映照着眼里闪烁的泪花，不禁回忆起成为英俊少年的那个皎洁的明月之夜。明月总是给少侠带来好运气，总能与幸运不期而遇。又一个史诗般的夜晚。少侠为一株神圣的水稻而来。

是时候了，少侠再次深呼吸。稻穗的香气充满胸腔，震撼人心。这是一种天赐的气息。少侠纵身一跃，迎着扑胸的月光，在空中划出一道完美弧线，落脚阿香跟前。谦卑地蹲伏着，保持仰视的姿态，按自己的方式完成朝圣仪式。以最澄澈的爱意，无比崇敬地凝望着阿香的稻穗。一束束稻穗上，谷粒鳞次栉比、比肩接踵，秩序井然的排列自成章法，浑然天成，呈现出撼人心魄的惊人之美。每一颗谷粒都是大地精华的结晶，凝聚了天地间的灵气，积攒着深邃热烈的生命能量，蕴涵着科学探索的奇迹——中国人对这种最古老的农作物最早实现了最深刻的认知。袁隆平一生躬耕田野，带领团队致力于杂交水稻科技创新，大胆探索，不断促进水稻的增产，用一粒种子造福中国和世界。

在月光下，风摇动着稻穗，谷粒相互轻轻碰撞，发出叮叮当当的声音，从音乐般的旋律中听到了祖先吟唱的歌谣，穿越万年，直击心扉。少侠全神贯注，至真至诚，顶礼膜拜，沐浴在伟大而温柔的光辉里。稻株的造型和姿态，谷粒的颜色和光泽，充满了华美的诗意。这种前所未见的美感在少侠的心灵中建立起了一种崭新的审美理念。在习习晚风中，阿香频频点头致意，赞扬少侠见义勇为，未来前程似锦。第一次远行如此幸运，在生命履历上雕刻下了一次朝圣之旅的殊荣。少侠如同青蛙以谦卑的蹲伏姿势，仰着头，全神贯注地仰慕着阿香的稻穗。

领取了生命中的第一次大奖，静静地体会着度过每一分每一秒的心灵感受。这是一个无比神奇、令人激动的月圆之夜啊！

少侠按捺不住内心的激动，抛开矜持，饱含深情放声歌唱，以生命本身宏伟的搏动，振动声囊，产生共鸣，献给阿香和水稻的歌声动人心魄，在郑家沟的夜空经久回荡。

"稻花吹早香，风露千万亩。"

"渐近柴桑旧家路，清风来报稻花香。"

"稻花香里说丰年，听取蛙声一片。"

在稻花飘香的夏夜，少侠心里涨起神圣的潮涌，在阿香身边吟诵宋朝诗人舒岳祥、王之道和辛弃疾的这些诗句，抒发胸臆，满怀感动地致敬庄稼人辛勤的劳动，祝福和憧憬着在秋天收获最美的稻谷，虔诚感恩世上伟大的粮食。

八月来临

8月1日，农历六月廿三。晴。气温23℃~38℃。西南风2级。日出时刻06：20，日落时刻19：56。播种第124天。插秧第79天。

八月的第一天。我决定去看望阿香。吃了午饭，在街口买了一个西瓜，开车奔向稻田，奔向阿香。在太阳猛烈的灼烧下，高速公路前方的空气中抖动着热浪，我并未因为天气酷热而减弱奔赴的激情，勇往向前的信念愈加坚定。下午两点，车至红光村。我抱着西瓜，带着一身燥热，走进郑大爷家。郑大爷裸着上半身，打着赤脚，一条擦汗的毛巾搭在左肩上，右手捏着半截纸烟，正在观看四川乡村台播放的电视剧《烽火线》。我把西瓜放在桌子上。郑大爷扬手一指，让我坐下。涂大娘在收拾归置灶台上的碗筷，闻声出来，说，天麻麻亮就下地割掉苞谷秆尖尖，以减轻秸秆承受的重量，避免被狂风暴雨刮倒，过几天要掰苞谷了。

我看了一阵电视，起身出门，直奔稻田，热浪滚滚袭来，连呼吸都烫人。在田坎上席地而坐，安静地注视和感受阿香。驾车往返200多公里，就是为了在38℃的高温天气下陪伴阿香一会儿。群蝉肆意嘶鸣，太阳在头顶燃烧。仰头望一眼天上的火球，两眼瞬间发黑，低头闭目片刻。睁眼环顾四周，不见人影，仿佛全天下只有我一人在炎炎赤日下暴晒，只有我一人抬头看了一眼太阳。我展开右手掌托着稻穗，掂掂重量，如同牵着阿香的手。风吹过稻田，捎来了青山外面的消息。一愣神，听见一个温柔的声音说："天气太热，容易中暑。走吧！你还有别的事情要做。"觉得蹊跷，下意识地寻找说话的人。四下无人啊，难道是阿香说的吗？极可能是。挥汗如雨，衣衫湿透，热得令人窒息，感觉有些恍惚。我重视阿香的劝告。给阿香拍了照，纪念我们相处的这段酷热时光。起身离开，穿过热气蒸腾的稻田，走向汽车。

阿香的一枝青青稻穗。

立 秋

8月7日，农历六月廿九。阵雨转阴。气温24℃～29℃。日出时刻06：24，日落时刻19：51。今日立秋节气，开始时刻14：53：48。播种第130天。插秧第85天。

立秋，是农历二十四节气的第十三个节气，秋季的第一个节气。秋天开始了，随着太阳照射角度的偏移，日照的时间和温度随之慢慢减弱，天气转凉。夏去秋来，意味着万物荣枯的转换。春种夏长的农作物走向成熟，转化为实实在在的成果。秋天是一个丰饶的季节。

夜里下了一场暴雨，倾盆的雨水冲刷着炎夏燥热的温度和气息，郑家沟迎来了又一次季节更迭。盛夏戛然而止。低洼狭长的田畈被雨水浸透。稻田里盈满雨水，从田埂的豁口哗哗流进水渠中。大雨止后，天空阴沉，乌云打卷，体感黏糊糊的，湿漉漉的空气中无限扩散着秋天的气息。

在阿香的稻田里，水稻全部抽穗了，所有水稻迅速进入灌浆结实期。水稻的结实期包括从抽穗开花到灌浆成熟这一阶段。水稻谷粒中的灌浆物质主要来源于抽穗后的光合产物。结实率和粒重由成熟度和谷粒大小构成。籽粒大小受谷壳的约束，成熟度决定于灌浆物质的供应状况。在抽穗灌浆期间，往往也是稻飞虱最活跃的时候，为了保证收成，需要及时打农药进行防治。

阿香的稻穗灌满米浆，垂下色彩缤纷的穗子。蛙声此起彼伏，还隐约听到了虫鸣。奇怪的是，怎么听不到蝉声呢？第一场秋雨就让群蝉闻风丧胆、偃旗息鼓了吗？两只白鹭一前一后，黄色的双腿向后伸展，扑扇着翅膀，从我头顶飞往南边的田野，处变不惊地度过立秋的日子。

稻穗逐渐灌满米浆，稻尖低垂。

‖ 一粒种子能够长出一碗米饭

水稻抽穗扬花结束后，颖壳闭合，其中的营养物质开始积累，白色浆状物质逐渐硬化，直到籽粒成熟。这个过程称为灌浆结实期。灌浆结实期分为乳熟、蜡熟和完熟这三个阶段。开花授粉后3至5天进入灌浆初期，即乳熟期，籽粒呈白色乳浆状，淀粉不断积累，谷粒重量持续增加，颖壳内逐渐被淀粉充满。乳熟期一般经历7至10天。紧接着，白色乳液变浓，直到乳状物质变成硬块蜡状，米粒逐渐从绿色变为黄色，谷壳开始变黄，称为蜡熟期。蜡熟期约为7至9天。蜡熟后约7至8天进入完熟期，绝大部分谷壳变黄，米粒变硬且呈白色，水稻就可以收割了。水稻完熟后，应及时收割。否则稻谷变得过熟，影响稻米质量。

昨夜的暴雨驱散了盘踞已久的热浪。当下呼吸的已是秋天的空气。伴随着蛙声和蝉鸣，稻穗开始泛黄，谷粒呈现出青黄相间的色彩，然而绝大部分谷粒的壳色还是浅绿色的。穗子上多数谷粒有明显硬感，一些谷粒还能挤压出白色米浆，表明水稻进入蜡熟期，正处于灌浆盛期。这是结实的关键时期，对于提高结实率和粒重意义重大。

我照例特别关注阿香。阿香举着一支支稻穗，穗尖低垂。稻穗上，一颗颗谷粒灌浆饱满，几乎没有瘪粒。侧耳倾听，隐约听到谷粒劈劈啪啪膨胀的声音，还闻到了新鲜米粒散发的清香。选择一支稻穗观察，一些谷粒为青绿色，一些谷粒为粉红色，部分泛黄的谷粒呈现走向成熟的色彩。每一颗谷粒都洁净高贵，颖壳（谷壳）上的茸毛纤毫毕现。每颗谷粒与稻穗的衔接之间都长着一个小枝，这个小枝叫小穗。谷粒通过小穗梗和支梗连接在主梗上。稻穗上的众多谷粒鳞次栉比、比肩接踵，秩序井然的排列自成章法，呈现出浑然天成的惊人之美，妙不可言，令人啧啧赞叹。每一支五彩斑斓的稻穗，都像是一串璎珞，一串金子，一串宝石，越看越觉得精美绝伦，叹为观止。耐心细数，阿香共计21支长短不一的稻穗，一支最长稻穗上的谷粒多达347颗，最短一支稻穗的谷粒

一些谷粒为青绿色，一些谷粒为粉红色，部分泛黄的谷粒呈现走向成熟的色彩。每一颗谷粒都洁净高贵，颖壳（谷壳）上的茸毛纤毫毕现。

时间为谷粒塑形，阳光雨露赋予谷粒生命的光华。

为106颗，大致估算，阿香长出的稻谷超过4000粒。一粒种子真是无比神奇，繁衍出如此众多的稻穗，结出了这么多的谷粒！

想起播种那天，郑大爷语气郑重地说，千万不要糟蹋一粒种子，种子粒粒金贵，一粒种子能够长出一碗米饭。我现在深刻地理解了这句话的重要意义。水稻的每一次轮回，都给人类带来了千倍万倍的丰厚回报。侧耳倾听稻田的声音，确有一种声音如同睿智、神圣而崇高的箴言：珍贵的稻谷，从稻田里长出来的金子，要懂得珍惜啊，心存感激！

时间为谷粒塑形，阳光雨露赋予谷粒生命的光华。一粒粒稻谷犹如一个个时间胶囊，装着繁衍生命的神奇秘方。每一颗谷粒都是大地精华的结晶，凝聚天地间的灵气，积攒着深邃热烈的生命能量，蕴涵着科学探索的奇迹——中国人对这种最古老的农作物最早实现了最深刻的认知。稻穗沉静地闪耀着神圣的光芒，美得令我感动，千遍万遍看不厌倦。

放眼望去，稻田一块连着一块，一天天变黄的万千稻穗在风里起伏、喧哗，像是对美好生活的向往，一浪紧接着一浪地涌来。稻穗逐渐黄熟的景象蔓延至整个郑家沟，蔚为壮观，俨然丰收在望。我为所有水稻鼓掌喝彩，献上我的全部赞美和最高敬意。

记得郑大爷还说过，田里种植了水稻，看着水稻一天天生长，心里感到踏实。对于庄稼人而言，对稻田的依赖和情感，与生俱来地深深根植在他们的生命里。祖祖辈辈耕种过的稻田是粮食生产的命根子。稻米是农民的主食，每年耕种这些稻田才有饭吃。稻田和稻米亲密而持久地出现在人们的日常话语中，天经地义，自然而然。哪个人不是吃大米长大的？在一次次这样的诘问中，不断强化彼此的身份认同和文化认同。

阿香的稻穗逐渐灌满米浆，垂下色彩缤纷的穗子，像一朵盛开的花。

掰苞谷

8月12日，农历七月初五。阴转阵雨。气温21℃～27℃。日出时刻06：27，日落时刻19：46。播种第135天。插秧第90天。

天色晦暗，清晨的雨越下越大，雨刮器在挡风玻璃上疾速地左右摇摆。龙泉山脉笼罩在初秋的云雾中，我驾车穿出龙泉山一号隧道，重见天日，车载收音机整点播报7点正，紧接着播放雄壮的中华人民共和国国歌。我即刻调整坐姿，挺直身板，大声歌唱，直至唱完"前进！前进！进！"歌声提振精神。在雁江区中和收费站出站时，还不到8点。

轮胎将土路的烂泥碾压成波浪状。引擎停止轰鸣，照例将汽车停在郑大爷屋门口斜坡下的路边，我爬上路面湿滑的斜坡。堂屋门槛的里里外外都堆放着金灿灿的玉米棒子。二老忙着用玉米脱粒机给玉米棒脱粒。我问候几句，转身离开，顺着容易打滑的斜坡走向稻田。

天空阴沉，气温凉爽，稻田安静。我围绕着阿香的稻田转了两圈，注意观察稻穗的变化。经过在酷暑盛夏的奋力生长和扬花灌浆，水稻毫不懈怠地沉浸在继续灌浆结实的进程中。水稻的结实期由乳熟到蜡熟，满眼日渐成熟的万千稻穗令人鼓舞。

入秋后，阿香不再长高，生命的锋芒明显收敛而变得沉静。从稻株的底部开始，叶片次第停止工作，一些叶子的光合作用逐渐停滞，叶绿素消退，日渐枯黄，逐步让部分叶子衰老甚至死亡，尽可能将更多营养供给稻穗，保障谷粒充分吸收养分，尽量使谷粒的饱满和完熟不受影响。这是阿香和水稻们走向成熟的优选策略和非凡智慧。

一丛丛茂盛的饭包草开放着蓝色花瓣的玲珑花儿，给初秋的田坎点缀了娇媚温情的浪漫色彩。平凡事物随时显露神圣意蕴，好时光就在此时此地。

我挥手道别阿香，从田埂尽头走上大路。一位头戴草帽的农民推着运载三大包袋装物品的独轮鸡公车停下来歇气，右手拿着毛巾擦额头和脸上的汗水。"你来这里研究谷子哇？"他好奇地问我。"我来学习水稻。"我微笑着回应。他哈哈大笑："怎么个学法？"我指着稻田说："观察水稻是如何长出来的，看看谷子长得怎么样，收成好不好。"他又笑了："城里人硬是好学哩，田里的谷子都能看半天。"我用笑声赞同他的结论，伸手指着鸡公车上鼓鼓囊囊的化纤袋问："袋子里装的是什么东西？""苞谷！"他扬手指着远处的坡地说，"老伴在地里掰苞谷，我把苞谷拉回家。"我又问："吃早饭没有？"他说趁天气凉爽，天还没亮透就下地掰苞谷，顾不上煮饭。这段时间忙，一天吃两顿。

　　秋收的农活是繁重的，辛苦而寂寞，就连用食物犒劳疲惫身心的三顿饭也保证不了。尤其是对于整天从事体力活的农民而言，每一顿普通的饭菜都是很重要的。生活的压力与生命的尊严通常在充满世间暖意的食物中获得平衡和慰藉。

　　我和他就这么站着，随意地聊。他名叫郑邦友，67岁。老伴68岁，因在娘家的兄弟姊妹中排行老幺，故称谢幺娘。我喊郑邦友叫郑师傅。郑师傅和夏天的爸爸郑邦清以及夏天喊满满的郑邦富老人都是"邦"字辈。农村讲究辈分，尊称分明，秩序井然。郑邦友夫妇有一个儿子和一个女儿。儿子在成都打工，娶了内江媳妇。儿子的儿子在资阳市读职高。女儿住在中和镇，女儿的女儿念小学四年级。

　　郑师傅在地里种了苞谷和花生等农作物，还种了两亩水稻。我问他养猪吗？他说养了。养了11头猪。在20天前，一头母猪产下了19只小猪崽。两只小猪崽掉进水里淹死了，一只身体弱也死了。一窝产下19只小猪崽！我不知道郑师傅是如何隆重表彰这头功勋卓著的母猪的。郑师傅还散养了20多只鸡。就在这时候，一群公鸡母鸡朝着郑师傅歪歪扭扭地小跑过来，似乎是为了在最正确的时间和地点，雄辩地证明郑师傅养鸡这一事实铁证如山，同时不失时机地讨好主人赏赐新苞谷给它们尝尝鲜。我忽然感觉和这些鸡颇为面熟。我应该见过它们。想起来了，两只仪表堂堂的公鸡红冠高耸，尾羽上翘，身躯雄健，保护着四只体态丰满的母鸡在田埂上巡视稻田，啪嗒啪嗒的脚步声犹如空谷足音，仍在耳边回响。我还记得，一只红光满面的母鸡产蛋后，咯哒咯哒的叫声格外响亮，势如破竹地穿过午后异常闷热的空气，力压群蝉自命不凡的聒噪。我汗流浃背、跌跌撞撞地跑去给它点过赞。

郑师傅还要去地里拉苞谷。不能耽误他太多时间。我挥手向饲养着一头生育能力卓越的母猪和一群气质不凡的公鸡母鸡的郑师傅道别。在公鸡母鸡无比激动却不混乱、尊敬又亲热的簇拥下，郑师傅推着鸡公车走进自家院子。我刚转身，夏天的爸爸郑邦清老师骑着摩托车戛然熄火停在我面前。我连忙打招呼。郑老师指着路边的老宅说："趁天气凉快，我过来清理杂物和杂草，近日开工修缮老房子。"接着给我介绍居住环境打造规划，兴致勃勃地说还要在屋前和两侧种植花草和果树。打造好了，亲朋好友随时可以来住。郑老师的话激发了我的想象。鸭鹅游水，鸡犬相闻，鸟鸣虫吟，绿色生态、健康美好的田园生活令人向往。

郑老师还说，近段时间，村里病死了不少猪儿，掩埋在树下和坡地上，担心狗狗小苹果嗅到气味，把死猪刨出来而染上瘟疫，只好把小苹果用绳子拴起来，囚禁在屋里。我听说后，心情沉重。一旦和小苹果见面，失去自由的小苹果肯定会向我呜呜地诉说它的委屈和悲伤。我会心碎的，但又爱莫能助。我当即暗自放弃了看望小苹果的打算。不打搅郑老师干活，挥手告辞。郑老师一再邀我吃了午饭再走。我感激地谢绝了。

我直接来到郑大爷家。郑大爷刚背起背篓，正要去地里掰苞谷。我连忙说，我要去！我要去！郑大爷犹豫了一下，说，跟我走嘛。我跟着郑大爷绕行到屋背后，一前一后上坡。郑大爷光着上半身，碎花短裤，赤脚，72岁的年纪了，脚力硬朗，根本不在乎长满细刺的矮茎植物扎着脚心和尖硬的石子硌脚。下过暴雨，坡路泥泞，我两脚的鞋子沾满了厚重的黄泥巴。

爬到坡地上，郑大爷指着一片苞谷地说，就剩这一亩地的苞谷没掰了。钻进苞谷地，他给我示范掰苞谷的方法。从苞谷棒子的须子柱头，双手向两边撕开枯黄的外壳，咔嚓一声，掰下金灿灿的棒子。我认真观看他的示范，没有声张我以前多次掰过苞谷。我掌握的技艺虽然说不上登堂入室，但还不至于无从下手，瞎掰一通。接着我们开始掰苞谷。在沉默中，不断清脆地响起咔嚓咔嚓的声音。在掰苞谷的过程中，郑大爷直言不讳地批评了我一次："不要光掰大苞谷，小的也要掰下来，不要浪费粮食嘛。"我没有辩解。我想先掰大苞谷，通过手感的饱满及重量，结结实实地体会掰苞谷的快感。

没用多长时间，我们掰了大半背篓苞谷。我正掰到兴头上，郑大爷忽然说不掰了。我想继续帮助郑大爷掰完苞谷，最好流一身大汗。郑大爷说，掰苞谷累人，苞谷叶伤手。坚决不让我掰了。他不由分说地背起背篓就走了。我意犹未尽地跟在后面，走下坡地。

回到屋里，涂大娘舀两瓢清水倒进洗脸盆里让我洗手。她走进灶屋，拿出来四个刚煮熟的鸡蛋请我吃。我客气了一下。郑大爷说，过于客气就不好了，随意一点嘛。我马上接过鸡蛋，暖乎乎的，啪啪敲击，剥掉蛋壳，接连吃了两个，味道很香。敞养的土鸡下的蛋，不喂饲料，吃粮食，还觅食虫子和草籽等天然食物。我们坐在堂屋门口，面对着无花果树。树上只剩零星果子。郑大爷掏出颜色发黑、散发出霉味的烟叶，熟练地卷成烟卷，点火，抽吸起来，吐出气味浓烈的烟雾，袅袅地散开。

涂大娘从灶屋里端出来一盆苞谷淀粉给我看。她说这是新苞谷籽打成的粉子。我低头嗅闻，一股清香，阳光、雨水、泥土和草木光阴混合的味道，沁人心脾，提神醒脑，感受到普通人的生活的简单与明朗。苞谷粉煮熟了人吃吗？我抬头问。涂大娘笑呵呵地说，喂猪。

郑大爷忽然起身，兴致勃勃地招呼我去看打苞谷淀粉的机器。机器安装在灶屋里。这是一台多功能机器，既可以打苞谷淀粉，也用于将稻谷脱壳打成大米。他说，谷子收割了，就用这台机器打出新米，到时候你们一起来吃新米饭。吃新米饭！一丝震颤袭过心头。我既感到高兴，又倏地黯然神伤。吃新米饭的时候，意味着阿香一生的终结，意味着我们陪着走过150多天生命历程的阿香从稻田里消失了。我想象着和阿香诀别时的情景。那将是一个多么令人伤感的日子啊！然而，那一天正呼啸而来，无法阻挡。

又坐回到堂屋门口。一会儿闲聊，一会儿沉默。我抬头望见屋梁与墙壁交接处的一个黄泥燕巢。巢里有燕子吗？恍然看到，一对羽翼丰满的燕子掠过我的头顶朝着稻田飞去。然而并无燕子在巢边盘旋，也没有看到嗷嗷待哺的雏燕张着嘴巴讨食的小脑袋。

毫无预兆地响起了一只母鸡咯哒咯哒的叫声。母鸡心情激动又骄傲地宣布，自己产下了一枚十分重要的蛋。涂大娘及时抓了一把苞谷籽，走过去奖赏母鸡。郑大爷摁熄手中的烟卷，喃喃地说，好久没看见天津的孙子孙女了。涂大娘右手握着温暖的鸡蛋，边跨进堂屋边说，过段时间，收了花生，晒干后给他们寄些去。涂大娘转头看着我，你也拿些新花生回去。我兴奋地说，在采收花生之前，说一声，我也要去地里扯花生。郑大爷说，好，提前喊你。

快11点了，我起身告辞。涂大娘说，吃了午饭走嘛。我婉拒了。她放下扫帚，小跑进灶屋，将剩下的两个煮鸡蛋装进塑料袋里，非要我带走。我接过来，连连道谢。

郑家沟的稻田全景，万千稻穗日渐成熟。

阿香的稻穗。

籼型两系杂交水稻——阿香的前世今生

8月17日，农历七月初十。阵雨。气温23℃～29℃。日出时刻06：29，日落时刻19：42。播种第140天。插秧第95天。

郑家沟的天空飘着霏霏细雨。我带着由辛业芸访问整理的《袁隆平口述自传》一书，来到阿香的稻田，坐在自带的红色塑料矮凳子上，面对着阿香，翻开书，不慌不忙地给阿香和水稻们讲述她们的"父亲"袁隆平的故事以及如何"养育"出她们的艰辛经历——

袁隆平，中国杂交水稻育种专家，中国工程院院士，毕生致力于杂交水稻的研究，中国杂交水稻事业的开创者和领导者，先后成功研发出"三系法"杂交水稻、"两系法"杂交水稻和超级杂交水稻一期、二期，被称为"杂交水稻之父"，2001年2月19日荣获首届"国家最高科学技术奖"，2019年9月29日被授予"共和国勋章"。

1929年8月13日（袁隆平把9月7日当作生日），农历七月初九，袁隆平出生于北平协和医院，接生医生是林巧稚。生在北平，故取名"隆平"，在兄弟姊妹六人中排行老二，因此小名叫"二毛"。袁隆平的童年和少年时代是在烽火连天的动荡岁月中度过的。虽然处于战乱年代，袁隆平从小受到了母亲的启蒙。父母从未放弃为他提供上学读书的机会。袁隆平从小学到中学直到大学都喜欢凭兴趣学习。袁隆平曾经回忆起学习语文的一个故事。在一篇作文中，他使用了"光阴似箭，日月如梭"的描写，老师批评说这是陈词滥调。从此袁隆平就再也不用"光阴似箭，日月如梭"这样浮华的形容词了。

在武汉读小学一年级时，袁隆平跟着老师去郊游，参观一个园艺场，香甜的瓜果给他留下了美好印象，心中特别向往田园之美和农艺之乐，长大学农成了他的人生志向。1949年，袁隆平报考大学的第一志愿毫不犹豫地选择了农学，如愿以偿地进入西南农学院农学系遗传育种专业学习。在重庆北碚上大学期间，袁隆平利用课余时间，潜心阅读了国内外大量农业科技杂志。在广泛阅读中，他开阔了视野，着重了解了孟德尔、摩尔根的遗传学观点。

1953年7月15日，袁隆平毕业于西南农学院，分配到湖南省安江农业学校任教，开始了长达18年的教学生涯。在安江农校工作的第一年，袁隆平当了一学期的俄语教师，之后从基础课程教研室调到了遗传学专业课程教研室。袁隆平除了讲授专业课程，还担任农学班班主任，经常组织学生从事各种各样的课余学习和体育活动。为了提高学生的实践动手能力和操作技能，袁隆平经常带学生搞试验，尝试用孟德尔、摩尔根的遗传学说搞育种研究。

1956年，26岁的袁隆平在教书之余，带领学生科研小组做试验，通过嫁接和胚接的方式培养农作物。他起初热心于把西瓜苗子嫁接到南瓜上，还搞起了小麦和红薯高产垄栽试验，红薯最高的一蔸竟达到了20斤。从1960年起，袁隆平的研究兴趣发生了转变，从研究红薯转变为研究水稻，搞起了水稻方面的试验。

1961年7月的一天，袁隆平在安江农校的试验田里忙碌，偶然发现了一株鹤立鸡群的水稻长得特别好，穗子大，籽粒饱满。他如获至宝，设想若用这株水稻的谷粒做种子，水稻产量就会上千斤。而当时高产水稻的产量一般为五六百斤。第二年春天，袁隆平把这株水稻的种子播撒到田里，却没有想到，稻株高的高、矮的矮，抽穗早的早、晚的晚，袁隆平大失所望。他木然坐在田埂上，呆呆地望着高矮参差不齐的稻株，心里在想，为什么会是这样啊？失望之余，袁隆平陷入沉思：水稻是自花授粉作物，纯系品种是不会分离的，这株水稻为什么会分离呢？这种性状参差不齐的表现，是否就是孟德尔、摩尔根遗传学所说的分离现象呢？袁隆平突然来了灵感：常规稻不会分离，只有杂种的后代才可能出现分离。袁隆平根据试验推断，这株鹤立鸡群的水稻是一株天然杂交稻！自然界既然存在天然杂交稻，水稻这种自花授粉作物必然存在杂种优势，应该可以通过人工方法来利用这一优势。

当时一些权威学者认为，自花授粉作物杂交无优势，试图通过杂

　　由辛业芸访问整理的《袁隆平口述自传》一书，生动地讲述了袁隆平的真实故事以及如何培育出杂交水稻的非凡经历。

交来改良水稻品种是死路一条。袁隆平不迷信权威，敢于挑战，勇于创新，在1963年，通过人工杂交试验，发现水稻的确具有杂种优势，进而形成了研究"水稻不孕性"的思路。袁隆平认定利用这一优势是提高水稻产量的一个途径，决定开始研究杂交水稻。

一株偶然被发现的天然杂交水稻，使袁隆平认为必定存在天然的雄性不育水稻。如果要人工培育杂交稻，首先必须选育出这样的雄性不育株。1964年6至7月，水稻进入抽穗扬花时节，袁隆平下田寻找天然的水稻雄性不育株。他带领学生潘立生，头顶烈日，拿着放大镜，一天又一天，在安江农校种植的水稻品种为"洞庭早籼"的试验田中，一株一株地耐心寻觅，7月5日午后2时25分，一株稻穗吸引了袁隆平的目光。这株稻穗的雄性花药不开裂，即使风吹摇动，也没有花粉飞出。他赶紧采下这株水稻的花药，回到学校的实验室，用碘化钾染色法，在显微镜下进行观察，惊喜地发现，这是一株天然产生的雄性不育株！终于从茫茫稻海中发现了雄性不育株，意味着攻克杂交稻育种难题迈出了关键性的第一步。这一发现是袁隆平"中国首创水稻雄性不育研究"的开端。这株神奇的水稻从此载入杂交水稻的史册。在1964年和1965年这两年里，袁隆平先后检查了几十万株稻穗，又找到了6株水稻雄性不孕植株。靠着这6株宝贵的雄性不育株，袁隆平开始了水稻培育试验，想要培育成可遗传的雄性不育水稻，保持其不育的特征。

通过连续两年的盆栽水稻培育试验和观察，袁隆平取得了大量真实可靠的第一手数据，经过反复分析论证，1965年10月30日，写下了自己的第一篇论文《水稻的雄性不孕性》。1966年2月28日，这篇论文在中国科学院出版的《科学通报》中文版第17卷第4期及英文版第7期正式发表。论文的第一段是这样阐述的："水稻具有杂种优势现象，尤以籼粳杂种更为突出，但因人工杂制种困难，到现在为止尚未能利用。……解决这个问题的有效途径，首推利用雄性不孕性。"最后指出："通过进一步选育，可从中获得雄性不孕系、保持系及恢复系，用作水稻杂种优势育种的材料。"这篇具有划时代意义的重要论文向世界宣告水稻的雄性不育在自然界中是存在的，首次揭示出水稻雄性不育的病态之谜，论述了水稻的雄性不孕性的特征和雄性不育株在水稻杂交中所起的关键作用，正式提出了通过培育水稻三系来利用水稻杂种优势的设想与思路——人类历史上首次用文字表述利用水稻杂种优势。这种"三系配套"的方法需要三个育种材料，即不育系、保持系、恢复系。实现三系配套，实际上是袁隆平对将要进行的杂交水稻研究经过分析和论证而绘制出的一幅实施蓝图。

袁隆平千辛万苦找到的雄性不育株就是不育系。不育系是杂交的母本。若要实现水稻杂交并且还能遗传下去，需要给不育系找到两个父本，其中一个父本应和不育系一样，雄蕊不能授粉，它们产生的后代作为杂交母本保留下去，这就是保持系。而另一个父本则是正常植株恢复系，将其和不育系杂交，就有可能产生增产的杂交水稻。

这篇论文引起了国家的高度重视。国家科委致函湖南省科委，要求支持袁隆平的水稻雄性不育研究。1967年8月16日，湖南省科委给安江农校发函《请继续安排"水稻的雄性不孕性"的研究》，文中指出："科学通报第17卷第4期载有你校袁隆平等同志所写的'水稻的雄性不孕性'一文，我们认为这项工作意义很大，在国内还是首次发现，估计将是培育水稻杂交优势种的一个很好的途径。如果能够成功，将对水稻大幅度增产起很大作用……"

国家科委和湖南省科委的发函改变了袁隆平的命运。国家科委肯定了袁隆平在科学实践基础上做出的预言，利用水稻杂交优势必将给水稻产量带来大面积、大幅度的增产。当时国内水稻一季亩产大约为400斤，一年下来，仅够一人一年的口粮。若能让水稻的产量翻一倍该多好啊。湖南省科委决定将杂交水稻研究列为省级科研项目。1967年7月，在安江农校，袁隆平和他的两个学生李必湖、尹华奇组成了"水稻雄性不育科研小组"。

1964年到1969年，历经6年的艰苦探索，通过一代又一代繁殖，从最初的6株雄性不育水稻增加到700多棵。1968年春天，袁隆平用这700多棵雄性不育水稻在安江农校开始了大田试验。1970年5月初，在试验田中培育的不育系种子终于成熟了。他用这些种子先后做了3000多个杂交组合试验，几乎全部失败，选育的保持系均不能使不育系百分之百保持不育。尽管一直没有突破这个雄性不育系，袁隆平依然保持乐观，坚信当初设想的三系配套方案一定能够实现。袁隆平翻阅了大量资料后意识到，一定是用于杂交试验的材料亲缘关系太近，导致遗传特质下降。他大胆预测，杂交优势可能是在地缘越远的品种之间表现得更加明显，要想培育出合格的不育系，必须找到远缘地的水稻品种进行远缘杂交。袁隆平把目光投向了野生稻。野生稻是水稻种质资源天然的基因库，蕴含许多优良基因。海南岛成了他的首选。于是重新调整研究方案，决定去海南岛寻找野生稻，从亲缘关系较远的野生稻身上寻找突破口，用野生稻与栽培稻进行杂交。

1970年11月23日，海南三亚南红农场技术员冯克珊带着袁隆平的助手李必湖外出寻觅野生稻，在一个铁路桥涵洞的水坑沼泽地段，发现了一株疑似雄性不育的野生稻。在北京出差的袁隆平接到了助手发来的电报，火速赶回三亚，马上在实验室检测，确认这正是他要寻找的花粉败育的野生稻——雄性不育水稻，并将其命名为"野败"。"野败"的发现，为杂交水稻研究打开了突破口，成为杂交水稻研发史上的一次飞跃，它也是今天全球的杂交水稻共同的祖先。经过两年的试验，利用"野败"与栽培稻进行杂交取得了重大进展，雄性不育株能百分之百遗传，其后代的每代都是雄性不育株。1972年，袁隆平选育出了中国第一批应用于生产的野败型不育系"二九南1号A"和保持系"二九南1号B"。三系中已育成了不育系和保持系，只差恢复系了。然而寻找恢复系却费了不少周折。三系选育的重点转入到恢复系选育。

1973年10月，在第二次全国杂交水稻科研协作会议上，袁隆平以题目为《利用"野败"选育三系的进展》宣布籼型杂交水稻三系配套成功，标志着我国水稻杂种优势利用研究取得了重大突破。同年秋天，在湖南省农科院的试验田里，每亩产量达到505公斤，初步显现出杂交稻的优势。1974年，袁隆平和团队攻克了优势组合关，成功育出了中国第一个强优势杂交组合"南优2号"。该品种成为我国第一个大面积生产应用的强优势组合，一般每亩增产50—100公斤，比当地优良品种增产20%。

1975年10月，湖南省农科院种植杂交水稻百亩示范片的平均亩产过500公斤，高产田块亩产达670公斤。1976年，籼型杂交水稻在全国推广，种植面积超过200万亩，普遍增产两到三成。历经15年的不懈努力，袁隆平和团队攻克了三系配套关、优势组合关和制种关。我国成为世界上第一个成功研发、在生产上利用和推广水稻杂种优势的国家。1977年第1期《遗传与育种》杂志上发表了袁隆平的论文《杂交水稻制种和高产的关键技术》。

　　1979年4月，袁隆平第一次走出国门，应邀在总部位于菲律宾马尼拉的国际水稻研究所的学术会议上宣读论文《中国杂交水稻育种》。这是首次向国际社会公开中国杂交水稻研究取得的成果。中国杂交水稻的研究和推广应用已居世界领先地位。1982年的一个秋日，袁隆平再次来到菲律宾参加国际水稻学术会议，国际水稻研究所所长斯瓦米纳森博士庄重地引领袁隆平走上主席台。斯瓦米纳森博士对参加会议的代表说："今天我十分荣幸地在这里向你们郑重介绍我的伟大的朋友，杰出的中国科学家，我们国际水稻研究所的特邀客座研究员——袁隆平先生！国际同行把袁隆平称为'杂交水稻之父'是当之无愧的。袁隆平的成就不仅是中国的骄傲，也是世界的骄傲。袁隆平的成就给世界带来了福音。"从此袁隆平被誉为"杂交水稻之父"的称呼在国际上迅速传播。

　　1984年6月15日，湖南杂交水稻研究中心成立，袁隆平担任主任。1986年培育成杂交早稻新组合"威优49"。1987年第1期的《杂交水稻》发表了袁隆平又一篇著名论文《杂交水稻的育种战略设想》，提出了杂交水稻的育种战略，从育种方法上由三系法向两系法再到一系法过渡，也就是在育种程序上朝着由繁到简但效率越来越高的方向发展。这篇论文成为杂交水稻育种发展的纲领性文献和指导思想。育种技术的每一次突破，都将带来水稻产量和品质的提升。培育出好种子要经历各种挑战。

　　1995年，两系法杂交水稻研究获得了成功，开始推广应用。三系法是经典的方法，而两系法则是我国独创的方法。两系法的优越性体现在两方面：一是简单，不要保持系了，育种程序简化了；二是选到优良组合的概率大大提高了。两系法杂交水稻的成功是作物育种上的重大突破，也继续使我国的杂交水稻研究水平保持世界领先地位。

1996年，我国农业部正式立项了中国超级稻育种计划。1997年12月，袁隆平发表论文《杂交水稻超高产育种》，在两系法的基础上提出了超级杂交稻计划，对中国超级杂交稻的研究提出了选育理论和方法。超级杂交稻育种理论就此诞生。按照袁隆平设计的技术路线进行超级杂交稻的选育，为大幅度提高我国水稻的产量水平奠定了坚实的技术基础。

我国在2000年实现了亩产700公斤的第一期超级杂交稻的产量指标。2004年实现了亩产800公斤的第二期超级杂交稻的产量指标。2012年实现了亩产900公斤的第三期超级杂交稻的产量指标。2014年10月实现了超级稻亩产1000公斤的第四期目标。2017年10月，在河北邯郸，超级杂交稻"湘两优900"平均亩产达到1149.02公斤。2020年11月2日，在湖南省衡阳市衡南县清竹村的示范基地，进行第三代杂交水稻"叁优一号"晚稻测产，平均亩产为911.7公斤，再加上早稻测产619.06公斤，双季杂交稻周年亩产达1530.76公斤，实现了"1500公斤高产攻关"的目标。

袁隆平一生有两个梦，第一个是"禾下乘凉梦"，第二个是"杂交水稻覆盖全球梦"。他为这两个梦倾注了毕生心血。目前，中国年种植杂交水稻面积超过了1700万公顷，占水稻总种植面积的57%，产量约占水稻总产量的65%。杂交水稻年增产约250万吨，每年可多养活8000万人口。"发展杂交，造福世界人民。"这是袁隆平的梦想。迄今杂交水稻的国际推广取得了较大进展，"杂交水稻覆盖全球梦"正在照进现实。

1979年，中国首次对外提供了1.5公斤杂交水稻种子。1980年1月，中国将杂交水稻技术转让给美国。这是中国出口的第一项农业科技成果，从此拉开了中国杂交水稻跨出国门、走向世界的序幕。中国杂交水稻综合技术专利转让给美国后，当年5月，袁隆平带领团队对美国进行技术指导，经过三年的努力攻关，成功解决了早熟、高产、优质米和机械化制种等难题，杂交水稻在美国取得的增产效果十分明显，每亩最高增产79%。

1981年，印度开始引进中国杂交水稻进行研究。在袁隆平为首的中国专家的帮助下，大批印度科学家在中国接受了杂交水稻课堂培训及现场教学，加速了印度杂交水稻的研究和发展，使印度成为继中国之后第二个实现杂交水稻大面积商业化生产的国家。

20世纪80年代，菲律宾从中国引进杂交水稻组合，开始在一些地区进行技术示范。2003年，袁隆平在菲律宾验收产量10.37吨/公顷，被誉为热带先锋杂交水稻组合种子。从2007年起，隆平高科在菲律宾成立研发中心，开展适合当地及其他东南亚国家的杂交水稻新品种选育工作。为推动菲律宾杂交水稻发展，中国农业部与菲律宾签署了农业合作行动计划（2017－2019）。1991年以前，缅甸从中国引进杂交水稻进行试种，增产显著。1992年，越南从中国引进杂交水稻组合进行测试和示范，选派专家到中国进行育种技术培训。越南由于多年大面积推广杂交水稻，粮食大幅增产，从粮食短缺国一跃成为世界第二大稻米出口国。1998年，孟加拉国开始引进中国杂交水稻组合。2005年，中国农业部与孟加拉国农业部签署了杂交水稻科技合作协议。2007年，中国公司进入孟加拉国开发杂交水稻。巴基斯坦几乎所有的杂交水稻品种均来自中国。巴基斯坦目前每年需从中国进口3000～4000吨杂交水稻种子。印度尼西亚、马来西亚、朝鲜、柬埔寨、老挝、尼泊尔、东帝汶、文莱等亚洲国家也先后引进中国杂交水稻进行试种并获得了成功，推动了这些国家杂交水稻的发展。

目前，杂交水稻发展比较好的非洲国家主要有马达加斯加、尼日利亚、埃及等国。埃及从1982年开始进行杂交水稻研究，从中国引进了不育系，与本地的水稻品种进行测交。2004年，中国和尼日利亚开展南南合作项目，不断促进尼日利亚的杂交水稻发展。2006年，袁隆平带着援助非洲杂交水稻团队来到马达加斯加推广杂交水稻种植技术。经过十几年的努力，袁隆平团队成功培育出三种适合当地土壤气候条件的杂交水稻，推广种植杂交水稻4万公顷，测产达到每公顷11.87吨，每年增产稻谷12万吨以上。来自中国的杂交水稻被印在了马达加斯加面额最大的20000元纸钞上。推广杂交水稻受益的不仅仅是马达加斯加，还包括几内亚、塞拉利昂、喀麦隆、赞比亚、乍得、马里、肯尼亚、多哥、坦桑尼亚、塞内加尔、布隆迪、毛里求斯等国，惠及整个非洲。

早在20世纪90年代，意大利就引进了我国选育的两个杂交水稻组合进行试种，并达到11吨/公顷的超高产。自2001年开始，中国杂交水稻在美洲的巴西、哥伦比亚、厄瓜多尔、阿根廷、哥斯达黎加以及乌拉圭等国试种产量都超过了当地良种。

40年来，中国杂交水稻已在亚洲、非洲、美洲的50多个国家和地区推广，平均亩产增加了20%～50%，展现出超高产能力。从1999年起到现在，中国在国内举办了400多期国际培训班，为80多个发展中国家培养了1.4万名杂交水稻专业技术人才。还派出了一批又一批专家到国外，帮助发展中国家推广杂交水稻。随着"一带一路"建设的深入推进，杂交水稻不断走向世界，让世界上越来越多的土地长出中国的杂交水稻。2025年国外杂交水稻种植面积将达到5000万公顷，按每公顷平均增收2吨稻谷计算，可增收1亿吨稻谷，可以多养活2亿多人。

20世纪90年代初，联合国粮农组织把杂交水稻列为发展中国家粮食安全首选措施，袁隆平受聘为联合国粮农组织首席顾问。杂交水稻成为解决全球粮食短缺问题的"中国方案"。早在2004年，袁隆平接受"世界粮食奖"时的颁奖词为："袁隆平教授以30多年卓杰研究的宝贵经验和为促使中国由粮食短缺转变为粮食充足供应做出的巨大贡献而获奖，他正在从事的'超级杂交稻'研究，为保障世界粮食安全和解除贫困展示了广阔前景；他的成就和远见卓识，还营造了一个粮食更为富足、粮食安全具有保障的更加稳定的世界。"世界粮食奖基金会指出："在世界上率先培育成功并广泛种植的杂交水稻，在中国引发了一场水稻生产革命，使水稻产量在一个世纪中增加了两倍。杂交水稻由此从亚洲、非洲到美洲广泛传播，养活了数以千万计的人口。"袁隆平以独创性思维和胆识，勇于冲破经典理论束缚，使杂交水稻这一创新性成果带来了全球水稻生产及可持续性革命化的发展，帮助更多的国家和地区摆脱贫困和推进全球粮食安全做出了卓越贡献。

袁隆平一生志在田畴，躬耕田野，撒播智慧，孜孜不倦地进行杂交水稻科学探索，只为了一颗好种子。从三系法、两系法到走向屡创高产纪录的超级杂交稻，从发展"耐盐碱水稻"到"沙漠稻"，袁隆平带领团队坚持进行研究创新和农田实践，不断促进水稻的增产，用一粒种子造福中国和世界。吃饭是头等大事。经历过饥饿的人，都懂得"手中有粮，心中不慌"的道理。把饭碗牢牢端在中国人自己手中，作为一个14亿人口的大国，保障粮食绝对安全就是立国之本。袁隆平为推进粮食安全、远离饥饿、消除贫困做出了杰出贡献。

辛业芸访问整理的《袁隆平口述自传》一书，获得了袁隆平的高度评价："感谢你整理了这本真实的传记！"我拿到这本书，一口气读完了。这是一部杰出的传记。当下，我坐在种植着两系杂交籼稻的稻田边，再次阅读该书，面对阿香和水稻们，给她们讲述了袁隆平的真实故事。合上书，我庄重地问阿香：阿香，聆听了我讲述的故事，一定认为袁隆平这位伟大的父亲非常了不起吧？就在这时候，一阵微风吹来，稻田里泛起层层波浪，阿香和所有水稻的稻穗都在幸福地频频点头，为父亲袁隆平的丰功伟绩，由衷地感到无比自豪和骄傲。

我很高兴，阿香和水稻们知道了自己的前世今生和来自何处。她们来自于何处？她们诞生在中国！

中国田里播撒中国种子，中国碗中装满中国粮食。

‖怀念和感恩

8月18日，农历七月十一。大雨转中雨。气温23℃～28℃。西北风1级。日出时刻06：30，日落时刻19：41。播种第141天。插秧第96天。

天还未亮，在瓢泼大雨中，我开车上路。穿过灯光寂静的银杏路，密集的雨线从虚茫的夜空落下来，像万千闪光的箭矢从银杏树的枝叶间迅疾地射向地面，急切地敲打着引擎盖和挡风玻璃。驶上天府立交桥，前方一道骇人的线状闪电撕裂黑色天空，映现出城市天际线如此低矮，夜空无比巨大。一声炸雷，惊天动地，令人恐惧。我犹豫片刻，前行，还是回头？勇气即刻战胜了胆怯。今天是一个特殊日子，我专程前往稻田完成重要仪式，若打道回府，实在是丢人。笃信妈妈的在天之灵保佑着我前行，一个慈爱的声音说：行车注意安全！

驶出龙泉山隧道，雨停了，天边露出瑰丽晨光，天色越来越亮。云霞涌出，初升的太阳穿破云层，放射出耀眼夺目的光芒。之前犹如世界末日，此刻从噩梦中醒来，回到了红日照亮的美好人间。在通往红光村的乡道上，到处都是坑坑洼洼的积水。

停车熄火，我走向稻田。郑家沟不少稻田里，水稻成片倒伏。可想而知这场暴风雨之猛烈。有人躬身忙碌，把浸泡在水里的水稻一蔸一蔸地扶起来，将三蔸捆在一起，形成三角站立，直立不倒。一些农民担心被水浸泡的稻穗快要发芽了，索性开始收割。我在郑家沟碰巧见证了最早的开镰收割。

郑邦富大爷迎面朝我走来。一辈子做惯了农活，心里总是牵挂着农作物的生长，时常到田间地头看看，方才感到踏实。郑大爷说，昨晚9点开始下暴雨，直到天亮前才停歇。他家的五块稻田都没有发现水稻倒伏。郑大爷的水稻比别人插秧晚了近10天。别人家的水稻处于晚熟期，稻穗沉甸甸的，闪耀着成熟的色泽。郑大爷的水稻大多还在蜡熟期，极少部分还在乳熟期，稻穗的分量尚轻，经得起风吹雨打。这是不是未发生倒伏的原因之一呢？

郑大爷放心地回家吃早饭。我把郑大爷的稻田观察了一遍，确实未发现有水稻倒伏。走到田埂尽头，在稻田边的竹篱笆上，一蓬蓬苦瓜藤上挂着大大小小的苦瓜。苦瓜青绿泛白，浑身布满瘤皱。一根大苦瓜的尾部开裂了，几片橘红色的苦瓜瓣向外翻卷，像是倒挂着的盛开的喇叭状花朵。苦瓜果味甘苦，散热解暑，清心明目，是我最喜爱的蔬果之一。我凝视着一根青绿泛白的苦瓜，若有所思，恍然如梦——

2015年7月20日，我在阿根廷第二大城市科尔多瓦。阿根廷时间早晨8点，北京时间晚上9点，我拨通了妈妈的电话。阿根廷是全世界距离中国最远的国家，超过两万公里。我在地球的南半球，妈妈在北半球，我和妈妈相隔着很远很远的距离，好在妈妈在电话里感觉不到距离的遥远。在国内我通常在晚上9点给妈妈打电话，7到8点，她一以贯之地坐在电视机前，全神贯注地收看新闻联播和天气预报。妈妈听力严重衰退，把电视机音量调得很大。在这个时段，我是不会给妈妈打电话的，一是她听不到卧室里座机电话的铃声，二是不想打扰妈妈关心国内外大事和天气情况。当她关掉电视机，在保姆的护理下，缓慢地洗漱完毕，平静地坐在床沿上，床头小四方桌上的座机的铃声准时响起。我和妈妈很有默契。我往往就是在这个时候听妈妈说话，耐心地听她反复念叨。

在直线距离超过两万公里之外，妈妈在电话中叮嘱我，夏季天气炎热，每天要多吃苦瓜，还要多喝绿豆汤，清热解暑。我满口答应，保证一定照办。怕妈妈担心，没敢告诉她，我此时在阿根廷，这里是冬季，不用喝绿豆汤。科尔多瓦有没有苦瓜，我不知道。

启程远赴阿根廷的前几天，我回了一趟老家，陪伴妈妈度过90岁寿辰。尽管妈妈坚决不同意做寿，但是我回家陪伴她，她自然是高兴的。我在老家住了三个晚上，每天陪着妈妈。那几天，天天出大太阳。妈妈住二楼。三条金鱼在窗下的玻璃缸里悠然自得地游弋。阳台护栏水泥台面上有两盆茉莉，还有一株盆栽苦瓜。苦瓜藤长势旺盛，优雅的触须温柔地附到了其他植物上。从阳台护栏这头爬到那头的长藤上，挂着一个既长又胖的大苦瓜，还有两根小苦瓜。妈妈满眼笑意地拄着拐杖，自豪地陪着我观赏她种植苦瓜的杰出成就。我指着大苦瓜说："妈，把大苦瓜摘下来，请阿姨炒了中午吃。""不要摘！不要摘！"妈妈大声说，"我还要观察它，到底能长到多长，这根苦瓜里会结出多少颗籽粒？"我佩服地看着妈妈，90岁的老人了，仍然怀着好奇心。

天空中风起云涌，又下雨了。淅淅沥沥的秋雨把我唤回到当下。我走到阿香面前。阿香完好无损，神态自若，仿佛没有经历过昨夜的暴风雨。阿香的稻穗上，大部分谷粒呈现出金黄的颜色，日趋成熟。丰收触手可及。我取下双肩背包，和雨伞一起放在身旁。我面对安静的稻田，面对阿香。我要在此时沉浸于思念，举行纪念仪式。

前年的今天，是我和妈妈永别的日子。死亡将我和妈妈分开，从此阴阳两隔，天各一方。妈妈走出人世的日子永远定格了。那天正午，罕见的炎热，二楼的窗外被烈日的强光照射得白晃晃的，整个世界异常煞白刺眼，而这一切已成为妈妈的永夜。时间离场。长夜无尽。我屈膝跪在妈妈身旁，低头哭泣，双泪长流。我轻轻揭开覆盖在妈妈脸上的手绢。妈妈安详地沉睡着。我伸出右手，轻轻地抚摸妈妈的额头和脸颊，一如既往的温暖。我啜泣着，轻声喊了三声妈妈，妈妈睡眠很深的脸上泛起浅浅的笑意，一如既往的亲切、和蔼、慈祥。妈妈听到了我的呼唤。妈妈知道儿子回家了。

在我每次回老家，晚上睡觉的木床的床头，陪伴妈妈超过50年的老式脚踏风琴的旁边，依然挂着妈妈用毛笔亲手抄写的大幅歌单，永远翻在最外面的是电影《闪闪的红星》的插曲《红星照我去战斗》。我多次聆听妈妈娴熟地弹着脚踏风琴，纵情歌唱："小小竹排江中游，巍巍青山两岸走，雄鹰展翅飞，哪怕风雨骤……"

我泪眼模糊地伫立田埂上，隐约听见妈妈的歌声从远方传来，在稻田上空回荡。在眼前的稻田里，我看到了母亲的形象和灵魂，音容笑貌宛如往昔，一如既往的慈祥。妈妈亲切和蔼的微笑永不磨灭——

妈妈，音乐是您毕生笃定的信仰。您拉着手风琴，唱着歌，在大山里的乡村小学奉献了最美好的年华。歌唱是您的生命中最温暖而有力的精神火炬，一面高扬的旗帜。面对逆境、磨难和岁月的侵蚀，您用歌声抗争、拯救和重生。人生的道路充满曲折、坎坷和艰辛，命运多舛，您乐观豁达地踏歌而行，用歌声抚慰和照亮人生。歌唱是您书写生命的诚挚、慈悲与坚韧的恒久力量。歌声让您容光焕发，热情、温柔而坚强地热爱生活。

妈妈，您是我心中最美丽的歌者，一个平凡又伟大的榜样。明亮温暖、饱含深情的歌声飞扬在长达九十五年的斑斓岁月里，歌声贯穿于您漫长的一生。时光在您的歌声里流淌，您是在歌声中一天一天缓慢老去的。这九十五年如此强大，您的歌声驱散重重阴霾，给予我的世界光明万里。世事变幻，人生起伏，在平凡的生活中，在衰老的日子里，在别离的时刻，您从未放弃歌唱，留给我的记忆中充满了您那明朗快乐、情深意长的歌声。在八月，一个阳光最盛大的上午，我泪眼朦胧地看着您唱着歌儿，摇摇晃晃地走远了，从此再也不能转身回来了……

妈妈，我小时候依偎在您的怀里，仰着头听您唱管桦作词、瞿希贤谱曲的歌儿《听妈妈讲那过去的事情》："月亮在白莲花般的云朵里穿行，晚风吹来一阵阵快乐的歌声，我们坐在高高的谷堆旁边，听妈妈讲那过去的事情……"妈妈，您的歌声令我着迷，让我感到幸福，您给我讲述了好多好多过去的事情。后来您让我和您一起歌唱……在优美的旋律中，月亮在云朵里穿行，晚风轻抚我的脸颊，多么温暖而幸福的时光啊！妈妈，水稻就要收割了，金色的谷堆会垒得高高的。在谷堆旁边听您唱这首歌儿的美好时光还会回来吗？妈妈！

……两天后的早晨，我送妈妈最后一程。我最后一次凝望妈妈深睡不醒的姿态和模样。这最后一次凝望，在我的脑海中成为永恒。我没有哭喊，眼泪静静地流淌，不要打扰妈妈永恒的沉睡。我在心里默默地说：再见！妈妈，我爱您。这份爱永生不变。

……雨越下越大。有那么一会儿，我跪在田埂上，面对阿香，喃喃低语，潸然泪下。我信任阿香，我愿意向阿香倾诉我的思念。阿香低眉垂首地倾听着。我想说的一切都说出来了。我完成了我的表达。我说了些什么，只有阿香知道。这是我们永远的秘密。泪水和雨水交织流淌，模糊了我的双眼。在眼前的田水里，我的倒影与阿香的倒影模糊重叠。

我专程来到稻田，排解悲伤，安抚思念。感恩母爱。感恩粮食。母亲孕育出我的生命，把我带到了这个五彩缤纷的世界上。稻米赐予我营养、能量和生活的智慧，滋养着我这平凡的身躯，强壮着我的骨骼，支撑着我度过生命中悲伤或者欢乐的每一天。

稻米，色泽纯净，晶莹温润，香气高贵，是世上伟大的粮食，拥有母亲般的温暖和力量。在我眼里，稻谷比金子更璀璨。稻米比珍珠更珍贵。

阿香的稻穗，沉甸甸地低下了头。

捞鱼虾

8月21日，农历七月十四。小雨转暴雨。气温23℃～34℃。东南风2级。日出时刻06：32，日落时刻19：37。播种第144天。插秧第99天。

我在田坎上徜徉。顷刻间，下起了大雨。赶紧拔腿就近小跑进郑邦友家躲雨。郑邦友师傅一人在家。郑师傅说，老伴谢幺娘5点起床，没吃早饭就出门了，带着在屋背后的树林里和对面山坡上捡到的约1斤蝉蜕到中和镇上去卖。谢幺娘不愿意坐车，徒步往返约35里路。蝉蜕即蝉衣、蝉壳，一味中药，具有疏散风热、透疹利咽、祛风止痉等功效。在郑邦富大爷屋前的无花果树干上，我看见过一只蝉蜕，玛瑙色，仿佛是蝉子不得不脱下的一件外套，因无处存放，只好随地遗弃。那件外套还残留着蝉子身体的余温，令人觉得温馨又感伤。

郑师傅跟着谢幺娘早起后，出门观察稻田，只有少量水稻倒伏。他回到屋里，忙着开动机器打玉米淀粉。难怪我在田埂上转悠时，老是听到轰隆隆的声音，原来是从他这儿传出去的。一个蓝色塑料大桶里装了大半桶玉米面粉。这是他今早的成就。

郑师傅递给我一个篾编坐垫小矮凳，让我坐下休息。我安静地坐在屋檐下，透过从青瓦片流淌下来的密集雨帘望着稻田。豪雨如注，雨中起雾，稻田里的水稻一片灰蒙。阿香不会有事吧？郑师傅看出了我的担忧，淡定地说，没关系的，水稻就是在一阵暴晒和一阵大雨的反复刺激下快速成熟的。郑师傅也端个凳子，坐我旁边。在闲聊中，雨势减弱，雨线渐疏，稻田又清晰起来。我让郑师傅带我去见识那头英雄般的母猪。郑师傅随即起身，走向猪圈，打开圈门。我跟着他钻进黑黢黢的猪圈，用手机电筒照进圈里。母猪侧卧着，宽厚的背脊有两团白色毛发，在昏暗中独自抚养和照料初涉人世的16只幼崽。小猪崽们看到我手里发出的亮光，一阵兵荒马乱，风声鹤唳。母猪立即警觉地翻身匍匐着，高

在蝉声中，稻谷成熟了。

翘拱嘴，耸鼻呼呼地嗅闻我的气味，紧急判断有无威胁小猪崽们生命的危险气息。出于护崽的本能，母猪发出浑厚粗重的低吼，以示严正警告，随时准备不惜一切代价，誓死捍卫小猪崽们的安全。短暂的骚乱之后，猪圈里终归风平浪静，简朴的生活照常进行，一些小猪崽继续奋力吮吸乳头，有的嬉戏打闹。

母猪6岁了，身世纯洁，目光淳朴，成熟温驯，毕生都待在暗处，活动空间逼仄，犹如身陷囹圄。一切随缘，冷暖自知，悲喜自渡，极少获得人们的关注和赞美。主人给什么，它就吃什么。一生殚精竭虑地生儿育女，竭尽所能为人类做出贡献。它一年产三窝。年初产了13只小猪崽，死了3只。上个月产下19只，也死了3只。迄今产下了150多只小猪崽。我啧啧赞叹，对郑师傅说，它给你家做出了巨大贡献，要好好表扬它啊！郑师傅哈哈大笑，怎么表扬？我一本正经地说，它平时多是粗茶淡饭，甚至剩渣残汤，改善一下伙食标准嘛，奖励它最好吃的呀。郑师傅淡定地看我一眼，摇头说，母猪吃好的光长膘，影响生育。

我和郑师傅坐回到屋檐下。郑师傅说，今年生猪行情不好，上前天把年初产的10只小猪拉到乐至卖了1万多元，至少亏了2万。下个月还要卖掉8只幼崽。我叹口气，母猪又要和膝下的子女生离死别了，不禁悲从中来。我扭头摆脱情绪的阴影，瞥见一个木制拌桶斜靠墙壁，遽然转移话题。用这个拌桶打谷子吗？我问郑师傅。他说是的，种了两亩水稻，等太阳出来晒两天就下田打谷子。这段时间接二连三地忙活，打完谷子，马上收花生，接着种瓜儿菜。瓜儿菜即芥菜头，样子像个疙瘩。问他一年有多少收入，他说大概5到6万吧。

雨又下大了，雨声铮淙。我凝望着从瓦片上挂下来的雨帘，思绪穿过密集雨线，像做梦一般栩栩如生地回想起自己在动如脱兔的少年时代，兴奋地冒雨跑到稻田，用撮箕捞鱼虾的情景。这是我最深邃最快活的少时记忆。我不禁扭头问郑师傅，田里灌满了雨水，在田坎泄水口，用撮箕能够接到鱼虾吧？郑师傅精神一振，两眼放光：你想捞鱼虾吗？我连忙点头。他讳莫如深地看我一眼，随即展笑爽快地说，走！带你去一个地方，包管逮到很多鱼。我们随即起身。郑师傅拿出来两把伞，我们一人撑一把，走进雨中，走向田野。我跟在他身后，心里快活地想，我和郑师傅拥有少年时代挥之不去的共同爱好。我庆幸没有与堪称知己的郑师傅失之交臂。人生中，交友万千不如拥有知己一个。人生得一知己，足以慰风尘。

郑师傅提着一只红色塑料桶，我拿着撮箕，一前一后沿着弯弯扭扭的田埂，走向他才知晓的某处秘境。我们走进大雨的深处，密集的雨滴啪啪地打在伞面上，被雨水雨声重重包裹的感觉真的好棒。一种睽违已久的快感。我以一种久违的天不怕地不怕的少年勇气，与倾盆大雨狭路相逢，在老天爷特别的眷顾下，这样的少年终将胜出。

雨水泛滥，田里的水与灌溉渠里的水连成一片。我们赤脚蹚过隐约可见的渠堤，走向靠近湖边一溜半人高的草丛。郑师傅用手分开倔强的草丛走在前面，我尾随其后。深一脚浅一脚踩着湿黏黏的草滩，穿过高过肩膀、丛丛密集的芦苇，眼前出现了一片深绿幽暗的沼泽。在沼泽的尽头，半卧半立着一块花岗岩巨石，既像是一个童话般的岛屿，又像是一座坚不可摧的纪念碑在纪念着什么——言简意赅而有力地纪念这片土地上生命逝去的悲怆与苍凉？铭记着生命顽强延续的尊严与自信？又像是一个对暴殄天物的愚蠢行为的巨大警示标志。

降雨骤然减弱。郑师傅指着近在咫尺的一处杂草丛生的田坎说，我们就在这里逮鱼。但没有解释为何要在此逮鱼。我扫视与沼泽相连的浑浊水面和五米开外的大片稻田，闻到了一股浓郁的土腥味道，心想，在这片看似平静的水域里，鱼肯定是有的，但是水比较深，不怎么好逮哩。在零星雨点激起涟漪的水面，一些高脚水蜘蛛时而驻足停留，时而疾速滑行，如履平地。一只红蜻蜓振翅沙沙有声，在草尖驻停歇翅。两只燕子低空来回疾飞，捕食虫子。

郑师傅招呼我走到沼泽与稻田相连接的一片草丛旁边，侧身把塑料桶递给我，我接过来右手拎着。他俯身翘臀，扒开乱草和泥巴，露出来一块方形大石头。然后他直起身子，甩掉手上的泥巴，神秘地指指石头，但没说话。我安静地伫立一旁观察。他调整两脚的站姿，稳稳站定，再次弯腰躬背，用力搬起沉重的石头，放在田坎上。原来石头下面是一个坑洞，他揭开了一个隐蔽的洞穴！浑浊的流水顿时漫涌过来，哗哗地流进洞里，洞内水声隆隆。郑师傅要去撮箕，放进洞口，将撮口对着流水。奇妙的事情发生了。仿佛从洞里发出强大的磁力，吸引鱼儿纷纷扑进撮箕，在溅起的水花中跳跃和扑腾。这个看似普通的洞口，就像磁铁吸引金属一般，吸引着天真无邪的鱼虾自投罗网，也紧紧地攫住了我的心。

我心里涌动着强烈的欢欣，放下塑料桶，弯着腰，撅起屁股，观察撮箕里的鱼虾。鱼虾之多，令我激动不已。须臾间，大雨突至，雨水飞溅，雨声水声交织，满天喧哗，笼罩一切，不失时机地为我们捞鱼虾营造浩大声势。一时间，我俨然感到，我和郑师傅勠力同心，庄严地投身于一场史诗般的伟业。我干脆把雨伞扔在一边，任凭滂沱的雨水浇落头顶，灌满耳朵，流进嘴巴，模糊双眼。我双手端起撮箕，将鱼虾倒进桶里，全然不顾浑身被雨水淋得透湿。

我灵光乍现，发现了匪夷所思的奥秘。这个坑洞绝非是一个普通坑洞，洞内产生出一股强力磁场。一旦打开洞口，鱼儿和小龙虾等生物争先恐后地扑进洞里。正是磁场的作用，这片水域里生命的繁殖显得异常活跃。难怪鱼儿和小龙虾都喜欢成群地聚集在这片水域里。一些科学家认为，某些鱼类——比如鳗鱼——拥有非同寻常的磁场感应能力，这种特殊的能力是导航的主要手段，因而这些鱼类能够被磁力导向某个目的地。鳗鱼凭着这种非凡的磁场感应能力，从欧洲的河流穿过深海，一路游向大西洋另一端的马尾藻海去产卵，执着而准确地完成这七八千公里浩瀚又漫长的终极旅行。

不到半个时辰，我们捞到了大半桶鱼虾，最大的一条鲫鱼约半斤重。还有三只螃蟹。我再次把撮箕放进洞口，突然听到扑通一声响，寻声望去，只看到了一截瞬间入水的鱼尾。大鱼！大鱼！我低沉地发出两声惊呼，既莫名兴奋，又觉得蹊跷，这里怎么会有这么大的鱼呢？明知我们近在咫尺，大鱼竟敢冒险暴露自己，这不是引火烧身吗？难道就不害怕成为我们的囊中之物和今夜的盘中餐吗？郑师傅也看到了鱼尾，霎时变得异样的沉默。我诧异地看到了郑师傅脸上露出的惴惴不安。他的嘴唇在微微哆嗦，目不转睛地死死盯着大鱼入水的地方。稍许那条大鱼再次从水里一跃而出，流线型的背部乌黑锃亮，湿滑的鳞甲光芒闪耀，黑眼珠里隐含着某种神秘的深意。大鱼拍击着尾鳍，直奔稻穗，嘴尖触及谷粒，刹那掉头，咚的一声插入水中，砸开一团白浪。一朵大大的水花瞬间绽放又凋谢。这条神秘的大鱼竟然当着我们的面从水中腾跃而起，莫非是这片水域里已成精的鱼王？它难道能够呼风唤雨，可以用无人知晓的魔力警告并惩罚贪得无厌的人吗？大鱼出手不凡，此刻敢于冒险露面，意味深长，绝非一时的鲁莽冲动，一举一动彰显出果敢无畏、视死如归的勇气和力量。又像是一位睿智的隐士高人，突然现身给贪得无厌的人指引方向，使其迷途知返。

郑师傅没有任何犹豫，连忙从洞口取出撮箕，声音低沉地说，不捞了！不捞了！我心里一惊，暗自揣测，郑师傅一定是从大鱼两次跃出水面，觉察到了不可言说的神秘玄机。我真想凝视大鱼那炯炯深邃的眼睛，一瞥它所看见的奇异世界，洞察出它忽然露面的真正动机。郑师傅搬来大石块堵住洞口，用连着草皮的泥巴遮蔽严实。显然他不想让别人知道这里暗藏着一个坑洞。保护这个洞口，就是守住一个天大的秘密，就是守护着自己少年的欢乐时光。

郑师傅一言不发，提着沉重的塑料桶转身回走，步履像是梦游。我拿着撮箕跟着，也一声不吭。在穿过草丛之前，我扭头回望大鱼露面的地方，心想，这片水域孕育了无数生命，水底下一定挤满了鱼儿和小龙虾。大鱼必定拥有不为人知的生存秘诀，知晓潜藏在水面下所有生命的秘密。跨过水渠，走在通往大路的田埂上，郑师傅方才开口说话。我完全理解他表达的意思。他敬畏那条大鱼。那条大鱼在他心中享有一种神话般的声望。经年累月，他和大鱼达成默契，每当捞鱼虾捞到兴头上，大鱼总会以某种方式提醒他：差不多了，不要太贪心。取之有度，用之有节。肆无忌惮的索取无异于野蛮掠夺，就会遭到神秘之力的惩罚。他确凿无疑地遭到过两次惩罚。一次在9岁，一次在12岁。他给我看他左臂上的两块伤疤，还让我摸摸其中一块疤痕，硬得像石头。他没有讲述这两次惩罚的经历。他不说，我也不问。这是对他的尊严的尊重。从他手臂上的每一处伤疤，我似乎都能看到惊心动魄的一幕。

"永远不要忘记这样的教训！"郑师傅以忏悔的语气说了这句堪称不朽的话，"对天地万物要怀有敬畏之心，对一切生灵要仁慈和善良。"郑师傅谙熟的这片水域可以给我们很多鱼虾，但是绝不会纵容我们贪婪地索取。贪婪是一切罪恶之源。我明白了，难怪他要严严实实地藏住那个洞口，他不想让贪婪的人来这里捞鱼虾。若是毫无节制地把鱼虾捞完了，那个秘密的坑洞也就没有意义了，就如同坑洞彻底坍塌了，从此埋葬了他的童年和少年时代的所有欢乐。

郑师傅土生土长在郑家沟，对方圆几里地的所有犄角旮旯都了如指掌，烂熟于心，当然会有只属于他的秘密之地。他从来没把那个隐蔽的坑洞告诉过任何人，却乐意慷慨地让我分享他的秘密。这是对我莫大的信任，对我最珍贵的奖赏。我发誓，我会为他的这个秘密守口如瓶。回到屋里，半桶鱼虾都谦让给了郑师傅。我只是想重温少年时简单的欢乐。

一条大鱼跃出水面，拍击着尾鳍，直奔稻穗。

处 暑

8月23日，农历七月十六。晴。气温22℃～29℃。东南风2级。日出时刻06：33，日落时刻19：35。今日处暑节气，开始时刻05：34：48。播种第146天。插秧第101天。

处暑，是二十四节气的第十四个节气。处暑，即"出暑"，离开炎热之意。三伏已过，意味着酷热难熬的天气接近尾声。民间谚语提醒农人，"处暑谷渐黄，大风要提防"，"处暑满地黄，家家修廪仓"。出伏之后，随着处暑的开启，农作物收获的时节接踵而至。

我在8点以前到达郑家沟。夏天已从成都出发，驱车在高速路上飞驰而来。因"带着陶艺思维，游走在田园之间"的理由，陶瓷艺术家詹小英入选《南方人物周刊》特别策划推出的2021年"100张中国脸"。这100位魅力人物都是时代贡献者的杰出代表，他们用自己的故事给出了共同的答案——"踏实走好当下的每一步，就是对正确的路最真实的信念"。詹小英在蔚然花海工作室接受周刊记者采访，不能脱身，委托我向阿香表达慰问和祝福。

在斜坡下的大路上，我踮起脚尖张望，郑邦富大爷家的大门紧闭着，没有一点动静，不知是早就下地干活了呢，还是因昨天抗灾过于疲劳仍在睡觉。不便打扰。我直奔稻田。

昨天的暴风雨更为猛烈地袭击了稻田，长时间地蹂躏水稻。灌溉渠里水流暴涨，漫进渠边的稻田里，把一些稻田变成了一片汪洋。洪水在田间泛滥，滚滚黄汤冲得水稻东倒西歪，又有大片水稻倒伏，浸泡在浊水里，致使部分水稻遭受了重创。农民还没来得及将倒伏的水稻扶起来或者收割。水稻低垂的穗尖扫着森森水面，不少谷壳沾染了黄泥。

洪水消退后，一些水稻的大半截穗子因长时间浸泡在浊水里而染上了泥浆，少量谷粒被摧残掉了，造成了一些损失。踩着被浊水泡着的田埂，我走到阿香面前。阿香疲惫不堪，心有余悸地低垂着头颅。可想而知，阿香和水稻们经历了一场怎样的狂风暴雨的肆虐。阿香没有倒伏，没有被摧毁，坚强地经受住了自然灾害的严峻考验。

昨天是阿香从秧田移栽到大田的第100天，没想到经历了一场劫难。当得知郑家沟被暴风雨席卷，我夜不能寐，牵肠挂肚，忧心忡忡，担忧阿香和水稻们的安危，一早起来急着赶往这里。在现场目睹真实情况后，既心疼又为阿香顽强的精神感到欣慰。灾害的磨砺，并没有销蚀和撼动阿香的信念和对大地肝胆相照的热爱。在狂风暴雨的摧残下，阿香的尊严犹在。

我能为阿香做些什么呢？似乎什么也做不了。阿香不需要怜悯。阿香依然身形优雅，忠于稻田，忠于信念，具有很强的自我修复能力。我屈膝蹲下来，轻轻地，一粒一粒地洗掉阿香的稻谷上的污泥。洗净的谷粒重新焕发出光彩，谷粒饱满坚硬，几近完熟，每粒稻谷都有生命的分量。再晒几个大太阳，所有稻谷就完全成熟了，月底或九月初即可开镰收割。

不经历风雨，怎能见彩虹？阳光又重新照耀着稻田。满田的稻叶和谷穗上，到处缀着万千闪亮的露水，像是无数晶莹剔透的珍珠。阿香和水稻们整体表现出令人鼓舞的精神状态，彰显出众志成城、矢志不渝地奔向秋收的坚定意志和决心。

郑家沟全景，暴风雨后，一些水稻倒伏在浊水中。

阿香的一束稻穗在阳光中闪光。

采收花生

　　为阿香从秧田移栽到大田的百天纪念日送上祝福之后，我沿着田埂观察稻田。一位脚穿蓝色长筒橡胶雨靴的大娘蹲在田边洗手。"这是你家的稻田吗？"我走近问大娘。大娘站起来，忧心忡忡地说："这是别人家的稻子。这片水稻倒伏惨得很，在上前天的大雨中倒了一大片，才扶起来不久，昨天的大暴雨更凶猛，这些水稻完全浸泡在水里了。得赶紧收割，否则谷子要发芽了。"大娘甩掉手上的水，扭头看我，目光一亮，满脸笑容地说："你就是几天前给我家送酱油和醋的那位老师吧？"我点头说："是我送的，一点微薄的心意而已。"我好奇地问："你怎么知道是我送的呢？"大娘指着夏天家的老宅旁边的房子说："我就住那里。那天我去中和镇赶场，回家后老伴告诉我，一瓶酱油、一瓶醋和一袋白糖是一位城里人送的。我猜就是你。我好几次看见你在田埂上走来走去，心想这个人怎么这么喜欢稻子呢。哎呀，你送的酱油和醋真好吃哩。"

　　我明白了，她就是郑邦友师傅的老伴谢幺娘。"走，到我家去坐坐。"谢幺娘发出邀请。我说："我正要去你家呢。你老伴郑邦友师傅说好了，要带我到地里扯花生。"我跟着谢幺娘走进她家。郑师傅热情地招呼我。谢幺娘双手抓了一大捧花生，边塞给我边说："这是新花生，你尝尝嘛。"谢幺娘随即背起背篓，朗声说："我现在就带你去地里扯花生。"

　　我跟着谢幺娘去往对面的山坡。郑师傅收拾一下屋里，稍后就来。在路上，谢幺娘主动自我介绍，她今年68岁，比老伴大一岁。喜欢赶场，每次都去。谢幺娘精力旺盛，兴致盎然地问这问那，不停说话。谢幺娘那皮肤粗糙、饱经沧桑的左手无名指上，戴着一枚黄澄澄的金戒指。这是她穿着朴素的身上最金贵的一件饰物，闪亮着她勤劳一生里的体面与荣耀。

　　大雨后的乡野小路泥泞湿滑。谢幺娘一再叮咛我小心，莫滑倒了。

路边丛生的杂草和低矮的灌木沾满露水。谢幺娘啪地折断一根灌木枝丫，边走边挥舞，扫掉杂草上的露水，生怕打湿了我的鞋子和裤腿。爬到山头上，她指着花生地说："这是我家的。"

天气出奇的晴好，满眼绿色，世界一尘不染。谢幺娘在花生地里放下背篓，吩咐说："我扯起花生藤藤，你摘下花生。"大娘种植的花生作物匍匐地面生长，绿叶茂密，四下蔓延。花生地土质疏松。谢幺娘躬身曲背，抓住花生藤藤，稍用力一拔，从半干半湿的泥土里拔扯起来一兜兜花生植株，裹着棕紫色泥土的根须上挂着数颗花生，花生壳黏附着湿润的泥土。我俯腰拾起一兜，一颗一颗地摘下花生，扔进背篓里，不停歇地重复着这样的动作。一颗颗花生壳里面，多数含有两到三粒花生仁，少量只有一粒。过了一会儿，郑师傅也来了。在我和郑师傅摘下花生的过程中，谢幺娘表扬了我一次，顺便批评老伴："老头子，你看看人家有文化的人，摘下花生后把藤藤堆放得多好，码得整整齐齐的。你看你，把藤藤扔得到处都是，乱七八糟的。"

有的花生藤蔓根部不见一粒果实，有些花生是空壳壳。我好奇地问，这是怎么回事呢。谢幺娘说，根须下面没有花生，或者花生壳里空无一物，都是被老母虫吃了。谢幺娘从泥土里抓起一条老母虫给我看，就是这家伙吃的！她手上的老母虫弯曲呈C形，被花生养得肥滚滚的，白白胖胖的。我看了心里发怵。老母虫，即蛴螬，是金龟子或金龟甲的幼虫，成虫通称为金龟子或金龟甲。按其食性可分为植食性、粪食性、腐食性三类，危害多种农作物。

谢幺娘边扯花生边说话，叙事跨越地域，穿越时空，天南海北，信马由缰，滔滔不绝。只说因果，不讲逻辑。没有惊天地泣鬼神的大事，全都是普通人的日常生计、家长里短和生老病死。寻常百姓的平凡生活是乡土叙事的辽阔土壤。我跟着谢幺娘扯花生，学习农作物的采收方法，切身体验朴素劳作的辛苦，聆听谢幺娘随意讲述五味杂陈的平凡故事和发出真实的叹息。

我来到农村，在天地间自由呼吸，秉持善意，入乡随俗，把目光投向这些普通人，了解他们无声的命运中的困厄痛痒、悲欢离合和真实的生存

再晒几个大太阳，所有稻谷就完全成熟了，月底或九月初即可开镰收割。

状况。一个个平常日子都浸润着烟火人间酸甜苦辣的温度和情感。从看似平淡如水、微不足道的乡间生活中，观察世间百态和世相人心，感受朴实真挚的乡情，看见普通人的传奇。

谢幺娘还有对往昔的回忆。谢幺娘生育了一儿一女。郑师傅曾经常年在外地打工，辗转于一个又一个建筑工地。谢幺娘一人在家带孩子和耕种土地。儿子成人后，在成都安家。女儿嫁到资阳城里。说到女儿，谢幺娘摇摇头，深深地叹一口气，略带忧伤的语气说："那个时候简直没办法啊！我怀上了女儿。在那些年头，搞计划生育，不准生第二胎。生孩子前，我悄悄跑到娘家，东躲西藏，躲了两个多月，把女娃儿生下来了，被罚了两千块钱。当时确实违反了计划生育规定。哎呀，简直没办法呀！"谢幺娘弯腰扯起一兜花生，接着说："现在可以生第三胎了。国家的惠农政策多好啊！土地自己种，粮食不上交，政府还给予补贴，带领我们搞社会主义新农村，生活越来越好了。现在的娃儿多幸福呀！"

郑师傅在成都和天津都打过工。最惨的一次遭遇是，在天津一个建筑工地干了一年活，积蓄了两千多块钱，在回家过年的火车上，郑师傅被骗子骗了。骗子说他手上的一张美钞很值钱，只要保存两年，就可以拿到银行兑换两万元。郑师傅信以为真，拿出藏在鞋垫下面和内裤口袋里的钱，买了那张假美钞。完全就是一张废纸嘛！这个故事也是谢幺娘讲的。讲完后，同样来了一句，简直没办法啊！郑师傅嘿嘿憨笑，认真地说，没文化是不行的，出门容易上当受骗。郑师傅朴素的言语包含着深明大义，对文化知识的崇敬与向往如清澈的山泉般纯净。

郑师傅很想给我讲述他的一些经历和趣闻轶事，但在谢幺娘面前变得口齿笨拙。每当开口说话，即刻就被有强烈表达欲望、心直口快的谢幺娘打断了，使得郑师傅只言片语的叙事断断续续，支离破碎。谢幺娘性格开朗，手脚麻利，吃苦耐劳，爽朗的笑声底气十足，显得比郑师傅更强大。郑师傅脾气好，不生气，不抢话，要么望着谢幺娘，要么望着我，咧嘴嘿嘿憨笑。但是有两个意思，郑师傅是表达清楚了的。一是赞扬谢幺娘勤劳能干，家里的一切全靠谢幺娘。二是他熟悉成都的机头镇和熊猫大道，先后在这两个地方打过工。他叹一口气，摇摇头，语气遗憾地补充一句，熊猫基地的门票有点贵，没舍得花钱进去看大熊猫。

暴雨之后，空气通透，阳光异常明亮耀眼，我的头皮和后背被太阳灼烤得发烫，在地里干了个把小时活儿，就感到吃不消了。我感觉有些恍惚，踉踉跄跄地走到树阴下，一屁股沉重地瘫坐地上，喝水，喘气，擦汗。身旁的地表铺着柔软的毛茸茸的青绿苔藓，苔藓像是海绵吸饱了雨水。经过雨水和阳光漂洗抛光的苔藓，光彩照人地面对着清澈透亮的天空。

郑师傅和谢幺娘一直在地里劳作，身后全是蓝天。二老不喝一口水，不喘一口气。注视着这两位年近七旬的劳动者，我感到羞愧，自愧弗如。我缺乏劳动锻炼，体质虚弱，仅仅劳动了一个多小时，便仓皇败下阵来。我喘息了一刻钟，再次走进地里。谢幺娘怕我中暑，招呼郑师傅马上收工，打道回府。谢幺娘二话不说，背起数十斤花生的背篓，沿来路回家。我和郑师傅都两手空空，跟在谢幺娘后面。两个大男人，在年龄最大的谢幺娘面前尊严全无。走着走着，谢幺娘一头钻进路边的树林里，说要为我寻找蘑菇。虽然无功而返，但是我被谢幺娘的这份心意感动了。下山，走到稻田一角，遇到夏天。夏天拿着手机在拍摄稻田。

一起走进谢幺娘家里。谢幺娘放下背篓，气都不喘一口，要我把刚采收的花生全部带走。我言辞诚恳地说："谢幺娘，我主要是跟着你学习采收花生，体验劳动，这么多鲜花生，一时吃不完，浪费了太可惜。"谢幺娘转身走进灶屋，提出来另一个背篓，里面装了半背篓晒得半干的花生。谢幺娘装了一大袋，非要我带走。我不便再客气。诚恳地接受也是一种礼貌。

我起身告辞，对郑师傅说："我下次来和你一起收割水稻。"郑师傅满脸笑意地点点头："过两三天，就下田收割。你来嘛！"我跨出门槛，走向停在郑大爷屋前斜坡下的汽车。谢幺娘帮我提着花生，执意送我一段路程。我们边走边说说笑笑。夏天笑着问我："你是不是有一种走亲戚的感觉？亲戚会一直送你到村口。"我送给谢幺娘家一瓶成都酱油和一瓶阆中保宁醋，从言行举止体现出对谢幺娘和郑师傅的尊重，谢幺娘便如此厚待我，非要涌泉相报。我驻步伸手拦着谢幺娘，从谢幺娘手中接过花生，坚决不让谢幺娘继续陪送："谢幺娘，你回去嘛。过两天我下来割稻子。"谢幺娘乐呵呵地说，要得要得，我们等你咯。

颗粒归仓

最丰饶多彩的季节。天空高远，阳光明亮耀眼，稻田里闪烁着沉甸甸的金色，空气中弥漫着秋天特有的收获气息。收割机的轰鸣声彼此呼应，呈现出一派秋收的繁忙景象，诠释着金色秋天的色彩、内容与意义。留守村子里的人倾家而出，似乎每个人都有义务为庆祝富足的晴朗秋日推波助澜。郑家沟的秋收在这个阳光灿烂的日子掀起了高潮，进入巅峰时刻。

其一：

春种一粒粟，秋收万颗子。

四海无闲田，农夫犹饿死。

其二：

锄禾日当午，汗滴禾下土。

谁知盘中餐，粒粒皆辛苦？

——[唐] 李绅《悯农二首》

稻米流脂粟米白，公私仓廪俱丰实。

——[唐] 杜甫《忆昔二首》

初次收割水稻

8月28日，农历七月廿一。阵雨转阴。气温20℃～23℃。东南风2级。日出时刻06：36，日落时刻19：30。播种第151天。插秧第106天。

乌云低垂，风雨晦暝，我撑开雨伞，举着伞柄，沿着泥泞的"之"字斜坡而上，踏入郑大爷屋前湿漉漉的坝子。涂大娘闻声从堂屋里出来招呼。

我放下滴水的伞，接过郑大爷递来的凳子，坐在堂屋门口等待雨停。涂大娘在水龙头下搓洗大盆鲜花生，边洗边说："天津的孙子孙女在视频里说想吃盐煮花生。这些花生是昨天收回来的，最近雨水多，花生都裹着泥巴，抖也抖不掉。洗干净后，码上盐巴，煮熟了就给他们寄去。"郑大爷丢掉烟屁股，接过话说："还要给西安的大外孙女寄一些去。"两位老人有一儿一女，儿子在天津工作，大女儿郑伯菊跟着丈夫蒋长兵在中和镇开药房。郑伯菊生了两个女儿和一个儿子。郑大爷的大外孙女，在吉林大学念完本科，保送到西安交通大学攻读硕士研究生，今年研二。二外孙女在成都的四川铁道职业学院学习，大二。幺外孙子在中和镇念初三。说到西安读研的大外孙女，郑大爷两眼深沉地闪闪放光。

雨下小一些了，郑大爷陪我去看稻田。我们举着伞，走上田坎。隔壁邻舍的水稻已收割了一部分。郑大爷的五块稻田的水稻都成熟了，尚未开镰收割。郑大爷说，下雨天，谷子收回家，堆放在屋里会发霉和生芽，还不如留在田里。天一放晴，就动手收割。我很好奇，别人的稻田里为何都有水稻倒伏，而郑大爷的稻田里一株未倒。郑大爷说，他买的好种子，抗倒伏。

我请郑大爷先回家，自己还要看看稻田。尽管下着雨，但下雨天也有下雨天的意境与乐趣。阿香全身湿漉漉的，大大小小的水珠晶莹似珍珠。稻穗上的谷粒已变硬，谷粒下面的小枝梗绝大部分已变黄，基本完熟，意味着水稻正在走向收获期和生命的终点。

经过151天的缓慢生长，粒粒稻谷都是时光的积淀。沉甸甸的稻穗，金灿灿的颜色，满载着累累果实，压弯了稻秆，向大地低下了头。这是成熟者的谦逊之态，是水稻奇妙的一生最精彩的样貌。春华灼灼，秋实离离，这样的时光无比迷人。水稻铺陈出连绵成片的金色，发出照亮人世间的光芒。

回想起来，我在阿香面前做到了严于律己、谦卑诚恳，从未对阿香莽撞无礼，造成过冒犯。只有且仅有一次，我没能沉住气，显得有些张牙舞爪。在亲眼目睹了阿香充满激情、完美地抽穗扬花的那个下午，我浑身鼓荡着难以言喻的激动，在坚实干爽的渠堤上，无所顾忌地手舞足蹈，情不自禁地表达满心的欢喜，热烈地为阿香喝彩，祝福阿香走向沉甸甸的金色的未来，奔赴一场盛大的收获。

我对阿香的这种情感是非常蕴藉的。随着和阿香相处的次数和时间越来越少，每当要离开稻田时，我变得越来越犹豫和迟疑。挥手道别后，走出去没几步就会频频回首。令我感到欣慰的是，阿香总是情绪稳定，神态自若，内心远比我强大。

"你好呀！你在和水稻说话吗？"一个女性的声音打断了我的沉思。我抬起头，看到了雨伞下面一张熟悉的面孔，马上想起来了，她就是那位身穿红衣，在阳春三月，肩挑秧苗，稳健地行走在田埂上的健壮女子。"我给水稻唱了一首歌，还念了一首诗。"我半开玩笑地回应她。她扑哧地笑了："你们城里人硬是名堂多，从老远跑到这里来给水稻念诗，文绉绉地抒情。她们听得懂吗？""你问问阿香嘛，"我一本正经地指着眼前的一蔸水稻说，"问问她听懂了没有？""阿香？这蔸水稻的名字叫阿香？！城里人真浪漫，给一蔸水稻取了一个女娃娃的名字。不过这个名字很好听哩！"女子半信半疑地说，"也许她真听懂了。"

女子性格开朗，主动自我介绍，她名叫周秀群，老公郑邦超。三月插秧的时候，她见过我和我的同伴。"前天收割了一半，"周秀群指着旁边的稻田说，"老天爷下雨，只好停工。我很担心这些倒伏的水稻在水里泡久了，恐怕快生芽了。只要雨一停，先把这些倒伏的水稻收割了。"她话音刚落，雨竟然停了。太神奇了！她马上转身，边走边说，

一只麻雀在享用成熟的稻谷。

回家拿镰刀，转来割水稻。我冲着她的后背大喊，多带一把镰刀来！

　　我正好利用这样的机会，学习和掌握割稻的本领。在等待周秀群的过程中，我真的给阿香吟诵了三位宋朝诗人的诗句，郑刚中的"雨馀静听溪流激，风过时闻稻米香"，范成大的"新筑场泥镜面平，家家打稻趁霜晴"，陆游的"出门东行复西行，处处人家打稻声""塘南塘北九千顷，八月村村稻饭香"，接着唱了一首李子恒作词作曲、刘文正原唱的《秋蝉》："听我把春水叫寒，看我把绿叶催黄……春走了，夏也去，秋意浓……"

　　周秀群风风火火地返来了，左右手各拿一把月牙镰刀。我接过一把镰刀，随即脱掉鞋袜，高卷裤腿。周秀群哈哈地大声笑了："你真要下田呀？"我赤脚踩进田里，用行动回答她。"等一等，我割几蔸给你看看。"周秀群走到倒伏的水稻跟前，弯腰曲背，左手从水中捞起来一蔸水稻，张开虎口向下握住稻秆，右手拿镰刀，咔嚓一声，利落地割掉水稻，留一截稻茬在泥水里。接着又割了两蔸，用稻草将几蔸水稻捆扎在一起，摆放在田埂上。她问我会了没。我说会了。她开始埋头割稻。

　　我学着周秀群示范的动作，左手半握水稻，右手持镰刀试割一蔸，因用力过猛，磨得锋利的刀刃在稻秆上一滑，擦过手背，差点划伤了手指。我一惊，下意识地瞟一眼周秀群。她专注一心地一镰刀一镰刀地割水稻，没看到我的尴尬。我又割了两蔸，基本掌握了要领，但只能算是初窥门径。我和周秀群都没说话，保持沉默，谦卑地向稻谷低头。我理解这是对水稻的尊重，必须庄严地面对这样的神圣时刻。通过收割水稻，在稻田中直面自己，体验劳作的辛苦，感悟生命的意义。在割稻的间歇，我扭头望一眼隔壁稻田里的阿香，她一定在注视着我的劳作。

　　我艰难地直起腰，歇口气。一只白鹭拍翅飞过头顶，我仰头清晰地看到了洁白的羽毛凌乱地泛起褶皱。白鹭谙熟风的方向，在风中游刃有余地掌控着郑家沟的一方天空，闪闪发光的身体划破空气，大地上的一切往它身后奔流，飞行的影子在稻田里扫掠而过。白鹭飞远了，一大群麻雀蜂拥到灌溉渠边枯黄的玉米秸秆上，叽叽喳喳，议论着我的一举一动，嗤之以鼻地嚷嚷着：这个笨蛋，干活笨手笨脚，洋相百出，表现乏

稻穗向大地低下了头。这是成熟者的谦逊之态。

善可陈，一定会弄掉很多谷粒。

在吵吵闹闹的麻雀声中，充满着急不可耐地渴望大饱口福的兴奋感。我们一旦离开稻田，它们就会欢呼着哄抢上前，敞开肚皮，饱餐一顿。

大约过了一个小时，割完了倒伏的水稻。"不割了！"周秀群招呼我回到田埂上。这时的田埂上，摆放着一捆捆水稻。"让这些稻子在田埂上晾一下水，"周秀群指着稻捆说，"天黑前，喊老公用鸡公车拉回家。"周秀群邀我去她家洗脚穿鞋袜。我说就近去郑大爷家洗。我提着鞋子正要转身，周秀群语气诚恳地说："你下次来，拿些新米回去尝尝。"

我走进郑大爷家的院子。涂大娘在灶屋里忙碌。我拧开水龙头，洗脚，擦干，穿上袜子和鞋子，起身跨进堂屋门槛。郑大爷正兴致勃勃地收看央视5台直播的游泳比赛。我坐下来，盯着屏幕。日本东京残奥会第四天，女子100米仰泳S11级决赛。蔡丽雯以1分13秒46的成绩打破世界纪录夺冠，王欣怡1分13秒71获得银牌，李桂芝1分16秒98获得铜牌。三位中国选手包揽了该项目的金银铜牌，同时升起三面五星红旗，奏响中华人民共和国国歌。我们共同见证了这个激动人心的时刻。了不起！了不起！郑大爷开心地连声啧啧赞叹。

三位中国获奖选手退场后，我躬身告辞。涂大娘从灶屋里出来，给我准备了一大袋花生和两个硕大的老南瓜。"花生是昨天挖的，还裹着泥巴，你拿回家洗干净，码盐煮熟，也可以生吃。"涂大娘指着地上的老南瓜说，"老南瓜可以存放几个月，不用急着吃完。"我没客气，全部笑纳了。我喜欢吃老南瓜，它吸饱了泥土的芬芳和盛夏的阳光，蜂蜜一般香甜。

郑大爷和涂大娘执意送我到车上。二老每人各抱着一个大南瓜，我提着花生出门。我打开车门，放好南瓜。又下雨了。我举着伞，要送二老回屋。被拒绝了。二老转身上了斜坡。我站在雨中目送着二老的背影，直至消失。伫立片刻，我上车，发动汽车，返回成都。

▌郑家沟开始大规模收割水稻

9月1日，农历七月廿五。多云转阵雨。气温23℃～29℃。西北风1级。日出时刻06：38，日落时刻19：25。播种第155天。插秧第110天。

9月伊始，溽热未消，夏季的炎热还在持续。午后1点，我到达红光村。涂大娘侧身坐在堂屋门口，手拿金灿灿的玉米棒子，给一群喜形于色的公鸡母鸡剥玉米籽粒。涂大娘边剥玉米籽粒，边喃喃地说着什么，在和幸福地享用玉米籽粒的鸡群亲切交谈。我驻步注视着这一幕，不忍破坏涂大娘和鸡群亲密相处的温馨场面。人与家禽被静好的时光包围，暖意融融。

涂大娘抬头看到了我，微笑地指着小木凳请我坐。我的突然闯入，打扰了鸡群难得的美餐时光，但是它们没有吵闹，知趣地退在一旁，交头接耳，议论着我来这里有何贵干。我问涂大娘，郑大爷没在家？涂大娘说，老伴外出帮大女儿收割水稻。我又问，什么时候收割自家的水稻呢？涂大娘说，已租了收割机来收割水稻，排队等候着哩。和涂大娘聊了几句，我起身去看稻田里的阿香。

我来到阿香面前。阿香泰然自若，处变不惊，我俨然看到了阿香洞悉生命真谛之后的超脱。阿香平静地凝视天地，以坦然的心态，度过生命中的最后时光。

乌云间露出了淡蓝色的天空，光线变得明亮，稻穗的金黄色更加夺目。穿行于明净田野，心情说不出的明媚舒畅。秋风吹过稻田，水稻拥挤着，推攘着，欢呼着，憧憬着收获之日的载歌载舞。勤劳的汗水，凝结成丰收的喜悦。黄澄澄的金色，成为郑家沟田畈的主色调。沉甸甸的稻穗呈现出美不胜收的丰盈，愉悦着我的双眸。空气中流动着神圣的稻香气息。应许之地，光芒万丈。这一切无比鼓舞人心。

当稻穗上的谷粒有95%左右黄熟，就应及时收割。稻子过熟了，稻穗和稻株就会发生营养倒流，元气下沉，稻米的质量和营养就会大打折扣。

我抬眼看到，长长的田埂尽头，一男一女走进稻田里，开始午后的收割。我走向他们。男子叫郑邦长。女子叫张英，郑邦长的老婆。张英挥镰收割倒伏浸泡在水里的稻株。郑邦长卸掉架在拌桶（一种有底无盖的四方形大木盆，以往用于打谷子的传统农具）上发生故障的稻谷脱粒机，和张英抬到三轮车上。郑邦长开着三轮车去村里换一台脱粒机。

　　使用镰刀割稻，用拌桶人工脱粒，是中国传统的水稻收割方式。进入21世纪以来，农村主要采用动力打稻机脱粒。脱粒机能够自动将谷粒与茎秆分离。随着各种新型稻谷脱粒机（俗称打稻机）的推出和广泛普及，拌桶这种使用了数千年的古老农具被逐步淘汰。现今多采用联合收割机进行收割，从割稻、脱粒到谷粒入袋实现一体化操作。机械化收割效率高，大大降低了收割水稻的劳动强度，节省了大量的人力成本和收割时间。

　　我问张英，为何不租用收割机收割水稻呢？她说，这一片水比较深，倒伏的水稻较多，有些谷子生芽了，用收割机反而不方便。张英有一儿一女。女儿是老大，嫁到附近村里，眼下正忙着收割自家的稻子，腾不出手回来帮忙。儿子在乐至开挖掘机，工地上正忙，也脱不了身。张英两口子原来住在夏天家的老屋旁边，年初搬进了社会主义新农村住宅区，居住一套独栋两层小楼房。新居宽敞明亮，环境干净。我站在田坎上，抬眼就看到了两排崭新的房屋。

　　郑邦长开着三轮车拉着新脱粒机回来了。两口子将机器抬到拌桶上固定好。张英下田继续割稻。郑邦长拿着一个塑料瓶子，往油泵里倒进柴油，拧紧油泵盖子后，躬身用力拉线来启动机器。拉了多次都没反应。郑邦长拧着眉毛，额头渗出了汗珠。张英催促郑邦长赶紧去找机器的主人来启动。郑邦长没理睬，黑着脸一次又一次拉线，情绪愈加焦躁。难道是某个开关没有打到正确的挡位上吗？我在一旁跟着着急，便上前观察，试着调整一个开关挡位。郑邦长再次拉线，轰隆隆，轰隆隆，启动了！郑邦长如释重负，擦去额头的汗水，冲我点点头表示感谢。张英笑着说，还是城里人有文化，一动手，机器就发动了。其实我是瞎蒙的，运气好，蒙对了。机器飞速运转，郑邦长将水稻一捆一捆地

狗尾巴草在风中摇曳，昭示季节的转换。

塞进料口。谷粒与茎秆及稻叶被分离出来，谷粒流进拌桶里，打碎的稻秆和稻叶残渣从出料口飞出去。这是一种全喂入式水稻脱粒机，脱粒很快。张英割稻的速度跟不上机器的运转。郑邦长也下到田里割水稻。

我注视着二人劳作，体会他们的艰辛。一对老年夫妇一前一后走过来，经过我身旁。赶场回来了？我问。走在前面的大爷说："走亲戚人户哩。"我瞧一眼大爷身后的背篓里，一只老母鸡无精打采地蜷缩着，偏头忧伤地也我一眼，没有吭声。稍后涂大娘走过来，叫我去她家吃午饭。我感激地说："涂大娘，我吃过午饭了。"涂大娘慈祥地笑了笑，嘴唇微微嗫嚅，欲言又止。涂大娘犹豫一下，转身回走，忽然扭头说："一会儿去家里拿些花生和老南瓜回成都。"

郑邦长两口子沉默地劳作，我帮不上忙。我走向在另一块稻田里收割水稻的郑邦友夫妇。郑邦友师傅使用的是半喂入式水稻脱粒机，同样架在拌桶上。郑师傅双手握着稻捆，只将穗子塞进入料口，脱粒后的谷粒流进拌桶里。他将手里的稻草捆扎后，顺手立在稻田里。

在郑家沟的田野上空，响彻着多台脱粒机的轰鸣声。田坎上的狗尾巴草在风中摇曳，揭示出时序的更替，昭示季节的转换。时光倏忽易去，令人无限感慨。红光村的夏季已然结束，秋天全面到来，稻田里涌动着粮食的力量，闪耀着古铜色的光辉。秋风攻城略地，一遍遍吹过稻田。秋收正切切实实地在进行中。

不便打扰这些辛勤的劳动者。我再次走向阿香的稻田，在田埂上，迎面遇到周秀群。她乐呵呵地打招呼："又来啦！""来看看郑邦富大爷的稻田何时收割！"我说。周秀群说："郑邦富大哥租了收割机，在排队呢，如果不下雨，过两三天就轮到他了。"我问周秀群去哪里，她说去山坡上看看花生地，如果泥土晒干了，马上收花生。"几天前，你帮我收割的水稻的谷子晒干了，打出了新米，我家已经吃了新米饭啦！"周秀群指着不远处的房子说，"你去我家坐坐嘛，带些新米回去尝尝。"我有些犹豫。周秀群看在眼里，爽朗地说："走嘛走嘛，不要客气嘛。"我随即跟着周秀群去往她家。

周秀群家是一座两层楼房。屋前的水泥坝子上，一半晾晒玉米，

郑邦超、周秀群夫妇在稻田里收割水稻。

一半晾晒稻谷，仿佛在比较两种黄金的成色。周秀群请我进屋里坐。我指着屋檐下一条长木凳说，我就坐这里，想看看这些谷子和苞谷。周秀群哈哈大笑："城里人对谷子和苞谷很稀奇，我们一辈子看惯了。你想看就看嘛！"周秀群进到屋里。我面朝坝子坐着，晒坝半明半暗，阳光洒在苞谷上，金灿灿地耀眼。而谷子却整片阴着。我仰头望天，太阳在云团间露出小半边脸。我到底是应该责备云朵呢，还是埋怨太阳厚此薄彼，为何如此偏心眼？我在为谷子打抱不平的时候，周秀群出来了。她一手递给我一袋新米，一手递给我一瓶矿泉水。我起身接过来，连声道谢。

最近雨水多，难得出太阳。在秋收时节，晴天尤其宝贵。不能耽误周秀群太多时间。她看我执意要走，没有挽留。我和她沿着来路回走。她走向山坡的花生地。我走向我的汽车。

郑家沟金色的秋天。稻田里涌动着粮食的力量，闪耀着古铜色的光辉。

阿香的穗子成熟了，沉甸甸地低下了头。

与阿香告别

我正要打开车门，忽然想起收割阿香的时刻就要到了，心里一颤，决定再去看看阿香。我转身走向稻田，又来到阿香身边，细致琢磨阿香又有何变化。微妙之间，总有变化。这种变化是确切的。但是我这平凡的眼睛看不见阿香细微的变化，看不出此刻与之前有何不同，似乎只有当我不在阿香身边的时候，阿香才向着丰盈与成熟演进。这是阿香的羞涩，亦是阿香的秘密，更是阿香的智慧。阿香进入生命倒计时，我竭力记住阿香的所有细节，把此时的阿香深深印在心里。我神情凝重地注视着阿香，思绪切换到一个历史性的神圣时刻——

阿香走到了生命的尾声。我和郑大爷都准备好了，右手握镰刀，并肩伫立田坎，面对稻田静默片刻。这是开镰之前的庄严仪式。郑大爷目光炯炯地看我一眼，我心领神会，跟着他走进稻田。我和郑大爷保持着一定的距离，适合彼此顾盼，互相照应。我深呼吸两口，稻穗的香气充满胸腔，震撼人心。这是一种天赐的气息。开镰！郑大爷果断下达了简短的命令。挥镰割稻的嚓嚓声随即响起，节奏分明有力。在动人心魄的金黄色中，保持沉默，神情严肃又庄重，心无杂念，只专注于眼前的水稻。弯腰低头是对水稻的敬重。在重复中磨练心性。无论怎样拖延时间，我还是来到了阿香面前。我一动不动地站着，眼含泪水。郑大爷看在眼里，走过来，一言不发，挥镰割掉阿香，和其他水稻捆在一起，轻轻放在稻茬上。一个声音低沉地说，这是阿香的归宿，是对阿香的尊重。

别了，阿香！从此我们在梦里相见吧。不，一个声音说，你们将在来年春天，在阿香又一次生命轮回之时重逢。眸光流转间，时光翩跹起，阿香，我比任何时候都更懂你了。时光奔流而去，世间万般变化，唯有时间记得我爱你。情知所起，一往而深，荡气回肠。

阿香的稻穗美不胜收，一只精致的昆虫沉迷于谷粒。

星月热烈，所爱温柔

9月5日，农历七月廿九。多云转阵雨。气温20℃～25℃。东北风3级。日出时刻06：40，日落时刻19：20。播种第159天。插秧第114天。

早起，我拉开窗帘，天空出现放晴的天色。我身上带着桂花香，驱车前往相距120公里的金色稻田。到了红光村，却遇小雨淅沥，郑家沟两侧的小山头笼罩在濡湿的薄雾中。郑邦富大爷陪同我看稻田。昨天白天和夜里一直下雨，稻田里再次涨水，一些穗尖的部分谷粒浸泡在浊水里。郑大爷指着稻田旁边用黄色塑料布罩着的机器说，那就是他租用的收割机，今天上午轮到收割他的稻田了，可惜下雨，不便收割。谷子收割回家堆着，会发霉和生芽。

今天原本是郑邦富大爷收割水稻的日子，租用的收割机正好在上午开进郑邦富大爷的稻田。播种前，在购买的籼型两系杂交水稻种子的包装袋上写着全生育期为158.5天。郑大爷种植的水稻从播种到现在正好经历了158.5天。时间如此精确，分毫不差，这难道纯属巧合？还是郑大爷凭着数十年耕作智慧的神机妙算？或者这就是天意？这令我惊叹不已。若是天公作美，今天收割水稻就十分圆满了。

我面对阿香，陷入沉思。为了完整地观察阿香奇妙的一生，我没有任何犹豫，一次又一次来到稻田，观察阿香，凝视阿香，倾听阿香，感知阿香，用温柔的目光爱抚过阿香不知多少遍，为阿香每一次具有重要转折意义的变化而欢呼，由衷赞美，欣慰地露齿微笑。我记录了阿香诗意的生长过程和每一天的气象、温度、湿度、风力风向、日出日落时刻以及种种奇缘，让自己更细致、更丰满地记住阿香的一切。人与水稻看似无法沟通，其实不然，相处久了，看上千遍万遍，耳濡目染，心灵奇妙地打开。时间如影随形，灵光不期而遇。语言障碍阻碍不了彼此的感知，阻碍不了心有灵犀和心领神会。一个又一个日子，我在阿香身边呼吸吐纳，彼此低声耳语，以清澈的心灵分享阿香的梦想与骄傲、忧愁与欢乐，分享彼此最隐秘、最深沉的情感，度过了一段难以忘怀的美好时光。阿香和阿香的稻田是我百看不厌的风景。

现在，收割机开到了稻田旁边待命。阿香的最后时光进入倒计时，就要永远分别了。我决定上午提前和阿香正式道别。若是在收割之时，我表现出多愁善感、缠绵缱绻，会显得做作矫情和无病呻吟，甚至是对阿香和收割者的一种亵渎。而独自面对阿香，怎么表达情感都不为过。

郑大爷回家休息。我独自站在阿香面前。阿香温柔垂目，沉静伫立。经过盛夏阳光的滋养和秋风秋雨的抚摸与洗礼，阿香黄熟了，愈发金灿灿的耀眼，迎来了生命中的高光时刻。我蹲下来，用指尖轻轻触摸阿香的每一支稻穗和每一枚叶片，以格外珍惜的目光凝视阿香，希望把阿香的形象和身影牢牢地记在心里。既恍然如梦，又真切地看到，当彼此目光相触，阿香一如既往地接受我百分之百的关注，心领神会我表达的一番爱意。这是我和阿香最后一次彼此凝视和聆听，最后一次感受彼此的体温、呼吸和心跳。若是明日天晴，我再来这个珍重之地，将会见证阿香生命中的最后一刻。阿香，我用一个拥抱的姿势和你道别吧，胜过离别时的千言万语，将我沉默的赤诚之爱化作献给你的庄严颂歌。

微风在稻穗和叶子之间穿梭，像音乐飘过，阿香轻微颤动。阿香，隐约的风声是你的轻声耳语吗？还是你温柔的歌吟？阿香，我眼中的你不是梦境，你是一个纯美的精灵，一首写在大地上的诗，闪耀着太阳的光芒。你是大地的女神，人间最美的天籁，永看不厌。你的纯洁和初心永不可腐蚀。天地可鉴，日月可表。星月热烈，所爱温柔，你让我相信总有比海更深的情感值得珍惜。

我舍不得离开稻田，在田埂上徘徊，一种难以名状的情绪在心头萦绕。

人生若只如初见，何事秋风悲画扇。我有幸遇见了郑家沟的春天，遇见了阿香，遇见了一粒种子既古老又年轻的灵魂，亲眼见证了阿香从一粒种子抵达收获果实的诗意旅程。在行云流水般的时光里，时有惊喜不期而至。阿香，你从一粒种子，播撒到田里，到发芽，到秧苗移栽，蓬勃生长，欣欣向荣，从仰望星空，到垂头致意大地，所有的时刻都让我念念不忘。我怀念那些彼此怀揣渴望、憧憬丰收和充满惊喜的每时每刻、每分每秒！阿香，遇见你并和你一起度过了159个珍贵的日子，成就了我的流光岁月中的一段经典的诗意时光。在千姿百态的记忆中，用时间的答案温情地记录了这样的遇见。

时间坚定地推动着生命不断轮回。在温暖滋润的逝水流年里，阿香用一生精彩的生命篇章告诉我，如果生命非要流逝，就一定要在稻田里、在天地之间流逝。阿香，你在这里出生，也在这里消失。但是生命的逝去不是终点，消失的那刻便是重生的开始。阿香，来年春天，你必将在这里获得重生，一举收复失地。那时候，我的目光所到之处又皆是你，满目星辰皆是你。阿香，你给了我一个伟大的启示。这样的启示隐秘而珍贵。我感到无比幸运。我恭敬地向阿香和稻田深深地鞠躬，感恩遇见，感恩稻米。阿香，谢谢你！

明天太阳会照常升起。山水一程，我们有缘再见。再见了，阿香！

阿香黄熟了，迎来了生命中的最先时刻。

阿香走完了精彩而圆满的一生

9月6日，农历七月三十。多云转阴。气温20℃～26℃。东北风2级。日出时刻06：41，日落时刻19：19。播种第160天。插秧第115天。收割阿香的日子。

天气不错，夏天先我一步赶到了红光村。我在12点前到达。收割机刚刚收割完邻居家的稻田，下午1点就要收割阿香的稻田里的水稻了。我没有错过这个重要时刻。

在稻田里，郑邦富大爷埋头理顺四周的水稻，不亲手割下几蔸稻子，心里就不舒坦。蒋长兵的父亲挥舞锄头，在田埂上挖出一个宽大的豁口，便于收割机开进稻田。收割机师傅在清理收割机上缠绕的稻草秸秆。我走过去和他打招呼。师傅姓苏，买了这台收割机，在附近几个村子收割水稻。苏师傅身体健壮，脸庞黝黑，敦厚朴实。简单聊了几句，让他跟着我走到一蔸水稻跟前。我对苏师傅说："这蔸水稻的名字叫阿香。从插秧那天起一直到现在，我多次来这里观察阿香的生长直至成熟。""阿香？你说谁？谁是阿香？"苏师傅一脸茫然，没有听明白我的意思。我指着阿香，尽量吐字清晰且慢一点："这—蔸—水—稻—的—名—字—叫—阿—香！""什么？一蔸水稻还有名字？！从来没听说过这么稀奇的事情。"苏师傅目光惊讶地盯着我。匪夷所思，前所未闻。苏师傅一定认为我在讲童话故事。

千真万确，这的确就是一个美丽的童话故事。人与水稻相知相遇的童话故事！亦真亦幻。我还未从梦幻一样的童话里走出来。我十分有幸能够亲自参与演绎这个童话故事，表明在我的心灵中还存有一份童真。在这个喧嚣浮华的世界上，永葆一份童心是多么可贵啊！唯有纯洁的童真，才能够遇见光明的精灵和美丽的天使。

苏师傅善解人意，主动问我："先收割阿香呢，还是最后才收割？""按照你惯常的收割路线进行收割吧。"我说。苏师傅点点头，明白了我的意思。田埂上的豁口挖好了。苏师傅回到收割机旁，站在踏板上，启动机器，熟练地驾驶收割机开进了阿香的稻田。苏师傅试割了靠近田埂的一溜水稻后，正式开割。轰隆隆，轰隆隆，机器前面的水稻不断被卷进入料口，脱粒后的稻谷源源不断地流进化纤袋里，打碎的秸秆和稻叶残渣飞到旁边。谷粒很快灌满了一袋。换上空袋子，接着收割。从割稻、脱粒到谷粒入袋实现一体化操作。空气中弥漫着稻草、烂泥与油烟混合的味道。蒋长兵骑着摩托车，将一袋袋谷子运送到坝子晾晒。

告别一直都在持续，推进的速度在加快。我站在灌溉渠边，一直注视着收割机的运转和来来回回的收割。收割机终究开到了阿香面前，苏师傅立即刹车，让收割机空转着。他扭头望着我，看看我有什么吩咐。我明白他的意思，马上就要收割阿香了。我一句话没说，也没抬脚走过去与阿香作最后的道别。我肃立原地。空气瞬间凝固。万物停止呼吸。世界万籁俱寂。在这凝固的时间里，阿香美得惊人，梦幻一般地回到了春风满面的少年。"袅娜少女羞，岁月无忧愁。""纤纤作细步，精妙世无双。""有美一人，清扬婉兮。邂逅相遇，适我愿兮。"稍许，我朝着苏师傅点点头。苏师傅心领神会，驾驶收割机朝着阿香开过去。阿香和志同道合、肝胆相照、并肩伫立在天地之间160个日日夜夜的水稻们的谷粒混合在一起了。我中有你，你中有我。这是她们既定的命运。阿香在这块稻田里走完了她那精彩而圆满的一生。我忽然发现年轻摄影师夏天不见了。夏天不忍看到阿香玉殒香消的这一刻吗？

一切已成定局，尘埃落定。一蔸名叫阿香的水稻已无处可寻，一生的光阴转瞬即逝，曾经一次又一次朝我奔涌而来的光芒倏然消失了。阿香如谜一般地出现又销声匿迹。我像梦游一样恍惚，转身面朝灌溉渠，用力深呼吸。水声激越，在浑浊的流水中，看不见万里晴空和我的倒影。

一场灿烂的相遇，我记住了阿香永恒的面容。回想起来，随着春回大地，万物复苏，重现生机，欣欣向荣。在桃红李白的时光里，播种、发芽、出苗，秧苗茁壮生长。插秧之后，稻禾返青、分蘖、拔节，抽穗

在郑家沟的稻田里，一台收割机正在收割水稻。

扬花，灌浆结实，饱满硬实的累累稻谷铺陈出金色大地，照亮了郑家沟的农耕日子和农家的寻常生活，诠释春种、夏长、秋收的变化、色彩和意义。季节的变换是迷人的，无不惊叹于庄稼之美和稻花之香。然而此时，举目四望，衰落已然开始，萧瑟之象正在形成。时间如白驹过隙，人生朝露，转瞬即变。但是某些迹象又让人充满期待，使人相信，凋零伴随着新生，从大地上的睡着和醒来中发现了光亮。生命在等待新的传承。大地上年复一年演绎着生命的轮回，浩浩荡荡，永不止歇。大千世界不绝的回响，讴歌和颂扬着生命的奇迹。

‖郑家沟的秋收抵达巅峰时刻

苏师傅收割完阿香生长的稻田，开始收割郑邦富大爷种植的第二块稻田。这块稻田位于一大片更为开阔的田畈之中。这些彼此紧挨着的稻田属于多户人家。茂盛的水稻，遮蔽了区隔稻田之间的低矮田埂。每家每户对自家稻田的边界了然于胸。

云层散开了，下午三点的阳光明亮耀眼，稻田里闪烁着秋收的灿烂金色，空气中弥漫着这个季节特有的收获气息。为了保证颗粒归仓，必须趁着晴好天气抓紧抢收。一台手扶式收割机开进了比邻的稻田。两台收割机的轰鸣声彼此呼应，响彻稻田上空，郑家沟呈现出一派秋收的繁忙景象。忙于运送稻谷的蒋长兵接近50岁，在收割现场的村民中算是最年轻的壮年人。他在中和镇上开药房和行医，今早赶回来帮助岳父收割水稻。

一时间，田埂上出现了数十人，皆是上了一些岁数的男子和妇女，还有几位行动迟缓的耄耋老人。留守村里的人全部出动了，似乎每个人都有义务为庆祝这个美好富足的晴朗秋日推波助澜，锦上添花。有人忙碌劳作，有人看热闹，丰收的喜悦洋溢在每个人的脸上。如此这般人气旺盛、充满仪式感的热闹场面，在郑家沟难得一见。在这个阳光灿烂的下午，郑家沟的秋收掀起了高潮，进入巅峰时刻，盛况空前，不啻是一次最盛大的节日。

置身盛大的秋收现场，我恍然看到，当漫长的黄昏隐没，夕光散尽，红光村迎来了丰收之夜的欢乐庆典。在郑邦富大爷家门前的晒谷场上，灯火辉煌，宴席丰盛，乡亲们畅快淋漓地一饮而尽一杯又一杯美酒，每个人的脸上都洋溢着喜庆的欢乐，共享丰收的荣光。在沸腾的欢声笑语中，德高望重的郑大爷满面红光，隆重登场，高唱祖先流传下来的古老歌谣，嗓音沧桑，情感深沉。郑大爷乘兴接着歌唱一曲《社会主义好》：“社会主义好，社会主义好，社会主义国家人民地位高……”众人激情澎湃，浪潮似的一阵阵欢呼。周秀群心花怒放，领头载歌载舞。《我和我的祖国》的动人歌声在稻谷飘香的夜空经久回荡：“我和我的祖国，一刻也不能分割！无论我走到哪里，都流出一首赞歌。我歌唱每一座高山，我歌唱每一条河，袅袅炊烟，小小村落，路上一道辙。我最亲爱的祖国，我永远紧贴着你的心窝……”节日般的欢乐场面一直持续到深夜时分，人们才各回各家，趁着醉意沉沉睡去……

我的手机响了。夏天告知我，她在郑大爷屋前的坝子翻晒谷子，让我一会儿过去。通话后我站在田埂上继续观看收割。很想尽一份力，做点事情，然而除了添乱，根本插不上手。无论是收割者，还是运送稻谷的人，都在有条不紊地劳作着。我只能充当一个看热闹的人。

身后猝然响起了鸭子的嘎嘎叫声。我转身看去，一只浑身洁白的成年鸭子站在稻草堆上，有力地扇着翅膀，昂头唱着它最擅长的乡土歌谣，表达美食果腹的惬意和再度自由的喜悦。在整个夏季，被关在围栏里的鸭子和大白鹅终于重获自由，而那些一直可以自由活动的公鸡母鸡恐怕难以产生感同身受的共鸣。无论鸡还是鸭子和大白鹅都是幸运的，而那些猪儿依旧被囚禁在光线昏暗的逼仄空间里。

成群的麻雀，潮汐般，声势浩大地席卷红光村的稻田上空，刚落地，旋即又起飞，黑压压地扑向另一个地方，它们在选择啄食谷粒的理想之地吗？或许在它们精巧的胃囊里早已装满了金色的谷粒。鸟儿成群地环飞，或许在用它们的方式向大地致意，感恩土地丰厚的馈赠，热情地为郑家沟水稻的好收成而起舞和欢呼。

我依依不舍地离开秋收现场，去往郑大爷家。屋前坝子成了晒谷场，铺满了刚收割脱粒的稻谷。万千谷粒闪耀着金子的色泽。夏天双手拿着木制长柄耙子，将稻谷时而归拢，时而薄薄地摊开，进行翻晒，一招一式像模像样。几只鸡趁机光顾晒谷场一角，两只脚不停地往后刨开稻谷，寻找并啄食其中的碎米。见我来了，夏天放下耙子，和我坐在堂屋门口，面对着满地的金黄稻谷。夏天说，就她在这里接应蒋长兵运来稻谷，满满（郑大爷）和大娘（涂大娘）借用亲戚家的晒坝翻晒稻谷。

看着满地的稻谷，我不禁回想起，在三月下旬，我们在这个坝子与生长出这些谷粒的种子初次见面。五袋购自隆平高科的籼型两系杂交水稻种子装在一只大陶钵里。在三月最后一天，郑大爷将这些种子播撒到八分田的五厢苗床上。似乎就在转眼之间，这些种子的无数后代又回到了这个坝子上。不可思议，又无比神奇，一个陶钵里的种子长出了这么多这么多稻谷！铺开在眼前的稻谷仅是其中一部分，无比雄辩地印证了"春种一粒粟，秋收万颗子"这一伟大事实！我和夏天不约而同地发出啧啧赞叹。毋庸置疑，这不是天方夜谭，我们真真切切地见证了水稻从春播、夏长到秋收的整个生命历程。

每次来到稻田，夏天通过相机镜头为阿香造型，与阿香对话和互动，向阿香传递心声和情感。夏天端着相机，将镜头对准观察对象的那种旁若无人的专注和姿势，令人感动。此时此刻，我很想知道夏天有何感受："夏天，你通过镜头，亲眼见证了阿香从播种到发芽，到秧苗移栽、分蘖、拔节，到孕穗、抽穗、扬花、灌浆结实直至成熟。就在刚才，阿香走完了她的一生，从此消失了。你感到难过吗？"夏天凝视着满地的谷粒，沉默片刻，抬眼平静地说："我不难过，真的不难过呢。我特别喜欢绿茵茵的稻田。风吹来，稻田里翻涌起层层绿色的波浪，多美啊！阿香从一粒普通的种子，长出了一束束沉甸甸的金色稻穗，为满满，为我们，奉献出这么多稻谷。阿香圆满地完成了她的使命！我相信生命的轮回，周而复始，生生不息，一茬又一茬的水稻在这片美丽富饶的土地上不停轮转。阿香看似走完了她的一生，其实并不是结束，她现在就在我们面前，依然在我们身旁，明年又会在稻田里生长。我们将再次看到阿香在夏季蓬勃生长的模样。"

夏天神情严肃地说："我特别感谢阿香。从阿香的整个生长过程，我亲眼看到农民付出了辛勤的劳作和流下的汗水，真正理解了古诗'锄禾日当午，汗滴禾下土。谁知盘中餐，粒粒皆辛苦'的深刻含义。每一粒米，每一碗米饭，都是如此珍贵，来之不易啊！无论任何时候，一粒米都容不得浪费。我小时候就能非常熟练地背诵这首唐诗，但是从来没有切身体验和感受过'锄禾日当午，汗滴禾下土'的艰辛，所以也就不能深入理解为何'粒粒皆辛苦'的人间至理。粮食丰收是对农民最切实的回报和最大的安慰。我们要珍惜粮食，好好吃饭啊！"

夏天停顿稍许，接着说："这段时间雨水太多，我焦虑，我忧伤啊。农民一年辛辛苦苦种植的粮食不能及时收割和归仓，我能不感到焦虑吗？其实我很喜欢雨季，喜欢下雨天。万物湿漉漉的，皮肤润润的。万千雨线从天而降，多美啊！一阵风，一阵雨，都关系到农业生产。但是我不喜欢老天爷在秋收农忙时节下雨。我盼望天天出大太阳，保证农民及时把稻子、苞谷和花生等农作物采收回家，尽快晒干，颗粒归仓。如果天天下雨，没法收割呀，水稻在田里太久，就会倒伏和掉落谷子。即使农民冒雨把水稻抢收回家，不能及时晒干，就会发芽和生霉。大米生霉了，就会变质变味，吃了不健康的大米，人也会生病，造成恶性循环。"

夏天抬眼望着稻田，说话的声音有些低沉："从现在开始，这些稻田随即进入漫长的休耕期，直到明年三月春耕春播才又恢复生机。记得在我的童年和少年时代，农民不会让珍贵的稻田闲置和荒芜，一旦收割了水稻，就会把田里的水放干，翻耕后，接着种植油菜籽或其他农作物，一年四季充分利用土地资源来种植粮食和蔬菜。这些年来，留守村里的老人只有精力种植一季水稻。秋收之后，几乎整个郑家沟的田野都被闲置，成了鸡鸭鹅觅食、野跑、嬉闹和一些小动物神出鬼没的场所，全然看不到整片绿色的庄稼，呈现出一派死气沉沉、无人问津的凋敝景象。我为故乡家园在冬季出现的衰败景象感到痛心和忧伤。"

我没有插话，认真地聆听着夏天的感受。夏天伸手指着几只鸡说："它们在晒谷场上心安理得地走来走去，优哉游哉地觅食其中的碎米，我很高兴。满满和大娘将谷子敞晒在户外的坝子上，没有将鸡鸭鹅关起来，让它们以及鸟儿和小动物都来自由地分享。在收获时节，所有生灵都有权利分享大地的馈赠。这些粮食属于所有生灵共同拥有。我很开心，这些有恩于我们的家禽重获睽违已久的自由，又可以到稻田啄食，在稻草堆上玩耍，在金色的秋天里自由自在地徜徉。天空和大地吹送着自由的风。我们和所有生灵一起呼吸着自由的空气。"

这个陶钵在播种前装过种子，现在装的是收获的稻谷。

夏天的善良与温柔，让夕阳下的一切闪闪发光，空气里弥漫着美好心灵与稻谷清香交织的如同蜂蜜一样的香甜味道。我完全赞同夏天的看法。阿香依然在我们身旁。

斜阳移出了晒谷场。我起身告辞，离开红光村，驱车奔驰在回城的高速路上。连绵起伏的龙泉山脉横亘在前方的尽头，浑圆的落日缓缓地向山脊后面坠下去，不由得想起了夏天在插秧那天，或许就是在这个时刻，驾车行驶到这个路段的感受：我开车在返回成都的路上，远远看见五月的夕阳，正向着龙泉山脉的逶迤峰巅滑落。在这个宏伟瑰丽的镀金时刻，当落日由衔山到即将完全沉入群山背后的瞬间，我想起了你——阿香！我又看见了你那澄明而晶亮的眼神和皎洁的脸庞绽放的生命光彩。我心里涌起一股暖流，眼角湿润。阿香，我要大声地对你说声谢谢。谢谢你让我更爱泥土、庄稼、清晨和黄昏，谢谢你让我有了更多的机会站在田埂上，和你一起仰望天空，同时让我懂得谦卑地向大地弯腰和低头。

收获的稻谷晾晒在郑大爷家屋门口的晒谷场上。两只鸡在啄食谷粒。

夏天双手拿着木制长柄耙子翻晒稻谷，一招一式像模像样。

白 露

9月7日，农历八月初一。多云。气温21℃～28℃。东北风2级。日出时刻06：41，日落时刻19：19。今日白露节气，开始时刻17：52：46。收割阿香之后的第2天。

白露，秋季的第三个节气。白露至，闷热到凉爽的转折，炎热天气已成强弩之末，冷空气转守为攻，寒生凝露。雄蝉震天动地的嗓音，如今只剩低吟。阿香走了，稻田空了，秋收的辉煌结束了，轰轰烈烈的金色田野面目全非，变得空旷和沉寂，很多美好事物了无踪影，郑家沟的田野变得黯淡无光，空气中弥漫着时过境迁的怅惘与感伤。一切恍若隔世。秋风不停吹拂，秋意渐深，透露出对盛夏的万般不舍和曾经错失一些温柔良辰的懊悔。

一只七星瓢虫深谙世事，谨言慎行，低调地匍匐在一片纤尘不染的柔软的叶面上，沉默地啜饮着白露之初的珍贵露水，又好像在寂静里期待着什么。记得在小暑节气那天上午，我和夏天在阿香的身上发现了一只瓢虫，橘红的胸背板质感光滑圆润，闪耀着炫目的金属光泽。种种迹象表明，那只瓢虫头顶烈日，在宛如大海般的万千水稻中，锲而不舍地寻找真爱。它找到真命天子抑或绝色红颜了吗？盛夏已去，曾经发生在稻田里的爱情故事已成传奇。

七星瓢虫，细小的暖意，一份不期而至的美好礼物。形单影只、锦衣独行的七星瓢虫在乏善可陈的田野景致中显得弥足珍贵，抵消了我的惆怅与失落。侧耳倾听，在风中，依稀听到了阿香的声音：不要忧伤，请用你的歌声纪念我。请相信，人间再度春风之时，在恒久的土地里，又将发出细致铿锵的欢唱，重新焕发出生命的光芒，稻田必将再次崛起和繁盛。

一只七星瓢虫葡匐在一片柔软的叶面上啜饮露水。

之所以生生不息，因为爱温柔有力

9月17日，农历八月十一。多云转小雨。气温20℃～25℃。西南风2级。日出时刻06：47，日落时刻19：05。收割阿香后的第11天。

连续经历了多个好天气，红光村各家各户收割后的稻谷想必已经晒干，颗粒归仓了。在阿香的稻田里的水稻收割之后的第11天，我再次来到郑大爷家。二老正在堂屋门前的坝子翻晒满地金黄的谷粒。在晒坝上，一群公鸡母鸡低头频频啄食谷粒，就地解决早餐。"谷子快晒干了吧？"我问二老。涂大娘抬起头来，笑呵呵地招呼我："你来这么早呀？吃早饭了吗？"我说吃过了。郑大爷说："趁着这段时间出太阳，再翻晒一两天，就装进粮仓了。"郑大爷放下木制长柄耙子，指着屋门口的板凳让我坐。郑大爷走过来，坐在旁边的矮凳子上，从面目全非的白衬衫的口袋里掏出来一盒烟，抽出一支，点火，说："这是你上次送的，还没抽完哩。"

涂大娘将竹耙子立墙靠着，兀自走进灶屋，忙着弄早饭。郑大爷安静地抽烟，缕缕青烟袅袅升起，缓缓散开。初升的太阳照耀着沉寂的稻田，阳光从竹林一侧哗地投射过来，洒在晒坝一角的谷粒上。我凝视着闪闪发光的谷粒在想，阿香奉献的谷粒就在这些谷粒中吗？

我起身拿着竹耙子，一把一把地翻晒谷粒。干爽的谷粒发出哗哗的响声。"你坐一会儿休息嘛，等太阳晒一阵后再翻动。"从灶屋里飞出来涂大娘的声音。我放下耙子，蹲下来，抓起一把谷粒，细细端详。凭着直觉，我敢肯定，阿香的一些谷粒就在手中。我将谷粒贴近鼻孔嗅闻，紧挨脸颊，闭目感受谷粒的呼吸和温度——阿香的心跳和体温。世间万物都通灵性，阿香一定感知到了我对她的想念。稍许，我放下谷粒，瞥一眼郑大爷，他应该没有发现这个细节吧。也许根本就没有逃过郑大爷那洞若观火的双眼，他只是默不作声罢了。

不打扰二老吃早饭，我挥手告辞，顺着斜坡小路走向稻田。田里灌满了水，水面露出杂乱的稻茬。在很多稻茬上，长出了青青禾苗，力图点石成金，掀起生命的崛起。

郑家沟的田畈上不见人影，三五只白鹭起起落落。一切已成定局。稻田注定沉默。云朵忽然遮蔽了太阳，几根稻草在风吹来的方向上升和跌落。对于时光流转、季节更迭的迅疾，倏然间，心头涌起流金时光转瞬即逝的强烈之感。我在阿香留下的稻茬旁驻步凝视，仿佛看到了阿香在缄默中的庄严与郑重，对稻田的忠诚与坚守。向阿香学习，让心灵回归沉静，把惆怅摁在心底。

抬头看见郑邦友师傅出现在稍远处的路边。我走向他。郑师傅将长长的白色橡胶管从猪圈粪池里迁铺到田埂上。我问他铺管子干什么。他说把粪池里的猪粪排放到田里，肥田后，明年春天种水稻。郑家沟几乎所有稻田在冬天都不种庄稼和蔬菜，通过灌水和排放人畜粪便将田泥泡起来。谢幺娘在屋里听到了我和郑师傅说话的声音，双手捧着花生向我走过来："尝尝晒干了的盐煮花生，好吃哩！"我接过花生，微笑道谢。

谢幺娘转身回到屋里，很快带着一群雏鸭出来了。谢幺娘将一把白花花的大米撒在地上，让雏鸭啄食。雏鸭没有半点食欲，对地上的大米视而不见。八只小鸭子孵出来才几天，全身毛茸茸的，扁嘴巴，黑眼睛，憨态可掬，惹人心生怜意。这些雏鸭步履蹒跚，叫声细碎，彼此靠拢，怯生生地拥挤在一起，空气中流动着一种心神不宁的气息。

"砍老壳的母鸭子今天疯了，天还没亮，就带着两只小鸭子出门了，到现在还没回来！"谢幺娘站在约四五米高的台地边缘，张望着稻田，指名道姓地指责母鸭子。谢幺娘话音刚落，突然又声音惊炸，指着远处的稻田说："在那里！在那里！"我也看见了，一只成年鸭子带着两只雏鸭急追地赶回来。抛下众多孩子、擅自外出的鸭妈妈，一定听到了孩子们焦急的呼唤。

孩子们听到了鸭妈妈的声音，激动地伸长脖子张望和嘎嘎回应。

在强烈思念的驱使下，一只雏鸭挺身而出，碎步走到台地边缘，低头观察陡直如崖的高度，抬眼望了望由远及近的鸭妈妈，直面危险，心生勇气，张开翅膀，奋力一跃，纵身跳下。陡坎下面长满杂草，雏鸭在草丛上弹了几下，挣扎着起身后，歪歪扭扭地小跑穿过道路，不顾一切地冲向稻田。到了田坎边缘，雏鸭又一扑，扑进稻田，激动地向鸭妈妈奔去。我悬着的心放松下来，连连赞叹这只勇敢的雏鸭了不起。谢幺娘云淡风轻地说："不要紧的，小鸭子全身柔软，摔不伤的。"

第一只小鸭子以非凡的勇气率先完成了伟大的一跃，没有什么能够动摇它的决心，有力地鼓舞了它的兄弟姐妹。雏鸭们前赴后继，纷纷跃下陡坎，咚咚地砸在草地上。最后一只雏鸭望着陡壁下面，迟疑片刻，照样飞身而下。四五米高的陡坎，对于出生不久的雏鸭来说，犹如万丈悬崖。这群雏鸭勇于面对挑战和危险，冒死跃下陡坎，值得喝彩。它们都没有摔伤。弱小的生命远比想象和看见的更结实、更顽强。奋不顾身地奔向妈妈，笃定是值得的。

八只雏鸭与鸭妈妈会合了。鸭妈妈最深情地亲吻了每一个孩子。重逢的幸福时光回报了每一只勇敢的雏鸭。我见证了它们的团圆，会心的微笑表达了我的欣慰和感动。每一个生命都是这荡气回肠的大自然四季交响乐中的一个个动人的音符。之所以生生不息，因为爱温柔有力。

稻米比珍珠更珍贵

9月23日，农历八月十七。多云。气温21℃～30℃。北风4级。日出时刻06：50，日落时刻18：58。今日秋分节气，开始时刻03：20：55。收割阿香后的第17天。

秋分，是农历二十四节气中的第十六个节气，秋季的第四个节气。"金气秋分，风清露冷秋期半。"这是宋代词人谢逸《点绛唇·金气秋分》中的词句。秋分到来，寓意着收获，气候的变化逐渐步入深秋。今日迎来了第四个"中国农民丰收节"，这也是脱贫攻坚取得胜利后的首个丰收节。随着乡村振兴战略的全面推进，农民的生活水平将再上新台阶。

8点过，车子刹停熄火。我钻出车门，郑大爷背着背篓走过来。我探头瞧进背篓里，半背篓刚出土的花生，闪烁着银子般的光亮。"老伴在地里挖花生。"郑大爷说，"今天是秋分节气，晓得你们要来看打新米。"郑大爷背花生回家，顺便取水，看看我们来了没有。

夏天开车稍后到达。一同走进郑大爷家。郑大爷招呼我先看砖砌谷廒里囤积的谷粒，5000多斤自产稻谷晒干后妥妥地颗粒归仓了。这是由5袋约11万粒种子、4亩8分田生长出来的巨大成果，令我感到十分神奇，但是笃定相信这个伟大的事实。我见证了这满仓谷粒是如何生长出来的。阿香奉献的全部谷粒都在这个粮仓里。我伸手抓起一把稻谷，贴近鼻子嗅闻，散发出泥土的芳香和阳光的气息。或许我手中就有阿香的谷粒。我仿佛又见到了阿香。

稻谷归仓已经好些天了。稻米是谷粒坚实的内核。郑大爷还未打过一次新米，一直等着我们来看第一粒新米是如何产生的。郑大爷马上着手打新米。"大娘在地里挖花生，肯定需要喝水了，"我说，"先送水去吧。"郑大爷说:"打了米再去地里。我没回地里,老伴就会知道你们来了。"郑大爷从粮仓里装了满满一箩筐谷粒,和我抬到灶屋里。他插上电源,启动打米机——双刀双筛自分离精米机。机器轰隆隆地转动起来,谷壳与米粒自动分离,脱壳后的糙米从一个出口流进箩筐里。接着将糙米倒入机器再打一次,去掉包裹米粒的一层薄薄的表皮,这时流出来的白米色泽如雪,光滑白亮,既新鲜又温温热热的米香扑面而来。

将稻谷加工成为成品大米的基本流程是这样的:清除稻谷中的稗子、砂石、灰尘以及各种细碎杂质,接着进入砻谷工段,脱去稻谷的颖壳(即稻壳),获得纯净的糙米。然后进入到碾米工段,碾去糙米表面的皮层,使碾制后的白米表面光洁,成为一定精度的成品米。

我和郑大爷将大半箩筐大米抬到堂屋门口的露天坝子。郑大爷说,还要用风车将大米中的碎米、米糠以及细碎杂质吹掉。我们把靠放在墙边的手摇木制扬谷风车抬过来。经过不断日晒风吹,风车斑驳发旧,满身岁月痕迹。郑大爷用菜刀铲掉风车上板结的鸡屎和鸟粪。我拿毛巾擦去尘土和污垢。一起把风车打扫得干干净净。郑大爷将刚打出来的大米倒入风车上面的装料大漏斗里,拉开挡杆,手握铁杆曲柄,匀速摇动风轮,风轮转动起来。因饱满的米粒与碎米、糠头以及细碎杂质的比重不同,在风力相同的条件下,通过不同出口流出,碎米和糠粉纷纷扬扬飘落到地上,而流入箩筐里的全都是颗粒饱满的白花花、亮晶晶的大米。

我蹲在箩筐边,右手掌插进大米中,大米流脂,手感润滑,感触到了米粒暖暖的温度。抓起一把大米嗅闻,闻到了千年万年的香味,沁人灵魂。米粒在手心的感觉无比美好,从来没有像此时此刻离稻米的灵魂这么近过。倏然间,眼前闪现出阿香生长的那些日子,从备种到播种,从种子萌发到长出秧苗,从插秧到稻子成熟后收割,将谷粒在晒谷场上晒干到颗粒归仓,现在终于变成大米了。生命的结晶以一种洁白饱满的方式呈现出来。稻谷和大米就是黄金珠玉。这是劳作的成就。这是土地的馈赠。这是阳光雨露的滋润。这是草木四季的恩泽。这是时间的力量。这是阿香和水稻们的胜利。这是想象力、生命奇迹、创造与收获的庆典。

端详手中的大米，颗粒饱满，洁白如玉，香气高贵，每一粒都是珍珠，又胜似珍珠，一眼万年的洁净光泽充满了神圣的美感。我仿佛看到，蒸熟的白米饭热气腾腾，蓬松干爽，粒粒分明，晶莹透亮。空气中弥漫的米香味道让我又想起了阿香。在给阿香取名之初，就表达了如此美好的理由：稻花香，稻谷香，稻米香，香飘万年，香飘祖国神州大地，香飘在我们生命中的每一天。阿香，亲切的昵称，悦耳的音韵。呼唤这个名字，口齿生香，沁人心脾，最能发自内心地表达对稻米的热爱和感恩。

在木心看来，稻米是古老而神秘的食物。木心说："在菩萨眼里，一粒饭颗便是一座山，所以我要尊敬爱惜。"我再次默念：珍惜粮食，好好吃饭。

一清创作的讲文明树新风公益广告写得好："一滴水，尚思源，一粒米，报涌泉。勤劳人家俭养德，满心欢喜种福田。"

眼前雪白流脂的大米既是最古老的，又是最新鲜的粮食，是上万年演化的缩影，浓缩成餐桌上的一粥一饭，为中华民族提供了永远向前的不竭动力。中国先民用一粒种子开创了稻作农业，塑造了光辉灿烂的中华文明。我们的文化自信从何而来？一粒小小的稻米就能给出一个伟大的答案。一粒小小的稻米蕴涵着我们的文化奥秘，尽数历述中华大地上跨越万年的壮丽史诗。天地辉辉，万物浩荡。遥远的时间感，延绵万年的不朽记忆，磨砺出稻米独特的美学品质，灿烂地升华了稻米非凡的文化价值，强化了稻米蕴涵的财富、力量、权力和意义。每一粒稻米皆有灵魂。稻米保持着强大的自我隐喻。一米一世界，承载着广阔、博大而厚重的文化和精神内涵，既恢弘又纤毫毕现地展现出中国农业的现代化历史进程，彰显了这个伟大的时代。一粒稻米里蕴藏着过去，也指向未来。从一粒小小的稻米，我感悟并看见了一个普通乡村里的现代中国，我的祖国正大踏步地行进在乡村振兴、共同富裕、建设美丽家园的康庄大道上。

郑大爷将今年第一次打出来的所有稻米全部赠送给我们。给我装了一大袋。我抱着稻米，躬身向郑大爷敬礼，深深致谢。我将米袋放在副驾座位上，发动汽车之前，伫立路边，再次眺望红光村变得沉寂的田野，向阿香生长的稻田深情致谢和道别。

上车，发动引擎，我驱车缓慢驶离红光村。秋天的天空清澈高远，开阔明亮，暖阳和煦。穿行于弯弯曲曲的乡村公路，我不时侧头看看米袋。阿香就在里面。阿香就在身旁。阿香，还记得我们初次遇见时的喜悦与真挚么？若是再一次呼唤你的名字，你会像往常一样应答我吗？阿香，跟我走吧！到成都去，一起奔向更大的世界。日月所照，相顾欣然。念念不忘，必有回响。阿香散发出阵阵迷人的香气，表明阿香听到了我的呼唤。阿香的回应给了我幸福的一击。一种无法言传的神奇啊！千真万确，时光如歌，澄澈光明，阿香在米袋里发出了微弱却伟大的回响。

从风车的出口流入箩筐里的全都是颗粒
饱满的白花花、亮晶晶的大米。

砖砌谷廒里囤积的谷粒。稻谷晒干后妥妥地颗粒归仓了。

箩筐中的新鲜大米。

后　记

闹铃一响，我从床上一跃而起，六点半驾车出门，驶出龙泉山2号隧道。刚从成都天府国际机场高速公路转入成资渝高速公路，一轮红日升起的镀金时刻隆重地迎接我。非常棒的早晨，意味着11月的最后一天是个大好天气。

车至红光村，引擎停止运转。郑邦富大爷屋前的坡坎下是我数次停车的地方。我下车站在路边，扫望郑家沟，不见人影，田野又归于空旷和沉寂，鸡鸭鹅的叫声此起彼伏。大部分稻田又变得无人问津，荒草丛生，任凭家禽自由流连，快活地度过因陋就简的冬日时光。

我走进郑大爷屋前的院坝，一只麻灰小狗汪汪大叫。"你来得早啊！"涂大娘应声出来招呼。我问涂大娘在忙什么。她说在给田里的小龙虾准备食物。我探头朝堂屋里瞧。涂大娘说，天还没亮，老伴就起床出门了，帮人种蘑菇。每天做7小时，每小时8元。他是闲不住的，总想做些事情。我问路远吗，涂大娘说不远，两三里路。我没进屋，站在坝子上。几只鸡随意闲逛。无花果树的枝条上挂着仅剩的几片叶子。竹篱笆以及牵在树与树之间的绳子上，晾晒着红薯藤和黄豆作物。枯黄的黄豆作物结满豆荚。"大娘您忙着，我去稻田看看。"我转身走出坝子。"你吃了早饭没有啊？"我边走边说，吃了哩，一会儿就回来坐坐。

走下斜坡，上田埂。眼前的稻田，起先是秧田，拔秧后重新插秧，直到水稻成熟。水稻收割后，稻茬上冒出新禾，长出了纤弱短小的穗子，又枯黄了。我伫立凝视片刻，转身回到大路上。路过郑邦清老师家的老宅，两个工人在砌半边围墙，房子的修葺快完工了。紧挨旁边的郑邦友师傅家的大门关着，没动静。继续前走，我多次走过脚下的这条小路，到了我们曾经野餐过的地方。路边，夏季的玉米地里，现在种了油菜籽作物，每苑油菜长出了两三片嫩绿的叶子，碧绿发亮。阳光明净，乡间景色静谧安详，眼前立刻亮了起来。

明净如初的乡间风景擦亮了我的眼睛，心静神清。我转身回到涂大娘家，询问村里的人都去哪里了。涂大娘说，郑邦友两口子、郑邦长两口子还有周秀群都在帮别人种蘑菇，一大早就出门了。跟郑邦富大爷是同一个老板。自从收割了水稻，挖完红薯，就没有什么要紧的农活了。趁着这段农闲时间，村里的人到镇上或去其他地方做些零活。

我这次来红光村，想要逐一致谢各位乡亲。不凑巧，都外出了。不过没关系，感恩之情铭记心头，以后总有机会当面表达。我对涂大娘说，我再去看看稻田。涂大娘要陪我去，顺便喂养田里的小龙虾。她给我准备了一袋花生和一大堆柑橘。我没有客气，放到了车上。

我想帮涂大娘提桶，桶里装着喂养小龙虾的食物，颜色乌黑。涂大娘不肯让我提，说味道刺鼻。她自己拎着，沿着田埂走向阿香的稻田。田里灌满了水，乌泱泱一片。涂大娘说，田里养了小龙虾，养一段时间后捞起来，卖给中和镇上的餐馆，可以增加一两千块钱的收入。涂大娘伸手从桶里抓起食物，抛撒到田里，隐约看见水里有暗影移动，小龙虾纷纷围拢来享用美餐。这块稻田曾是阿香度过一生的地方，眼下阿香的稻茬无影无踪了。整块稻田成了小龙虾生活的地盘，它们在这里度过短暂的一生，前仆后继地演绎着生命轮回的故事。

稻田对面田坎上的那棵又高又直的柏树不见了。涂大娘说，一个月前砍掉了。秋收之前的一场狂风暴雨将柏树吹歪倒了，枝叶茂密的树冠几乎紧贴在水稻上。我曾经多次站在大树下躲避烈日，歇凉，观察水稻，凝视阳光下的稻田里它投下的伟岸的身影，也见过柏树被吹倒后的失魂落魄、郁郁寡欢。那棵苍翠的柏树，经年累月矗立田边，四季迎来送往，见证了无数生命的周而复始。生命无常，世事难料，一棵傲然挺拔的大树轰然倒下，从此再未站立起来。

岁月奔逝，各种变化与生灭变幻，亘古不歇地日夜行进。万事万物与无常共存，生活与生命的变数在转瞬之间发生。但在意外之中往往隐藏着机遇，酝酿着希望。万千生灵以各种令人惊奇的方式繁衍生息。四季弦歌一路不断，大地上生命的芬芳和生长的激情永不消失。

涂大娘撒完小龙虾食物，陪我参观两排新农村住宅。顺着缓坡小路，几分钟就到了。这些竣工不久的住宅是建设社会主义新农村的成就之一，既有四合院平房，也有两层独栋小楼。涂大娘指着中间的一栋小楼说，那是郑邦长两口子的房子。浅黄色砖墙，二楼阳台晾挂着香肠和衣服。家家户户的大门都紧闭着，不见人影。还有少量房子没人入住。涂大娘说都外出打工了。到了春节，外面的年轻人都会回到这里过年，和老人团聚。那时就热闹了。

我和涂大娘沿着来路返回，在田埂上遇到了一位老人带着一个小男孩。涂大娘和擦身而过的老人打了招呼。我们顺路看看郑老师家的老屋。两位工人在沉默地搬砖和砌围墙。郑老师放下手头的活儿和我说话。屋前坝子的地面铺垫了数十个浑圆的石磨盘。

郑老师说，这些石磨盘是从附近一带收集来的。每个石磨都由整块石头精心雕刻而成，自有其凝固之美。静默如谜。尽管石磨上经过岁月的反复磨损，依然可见残留的凿痕。这些凿痕都是石匠凿出的印迹，是时光的纹理，是烟火生活的记忆。每一个石磨盘都藏着一段往事。每一条凿痕都铭记着石匠的艰辛、匠心、智慧和精湛的技艺，彰显匠人的尊严和手工的意义。在露天下，石匠一手握着凿子，一手拿着锤子，一凿子一凿子地雕琢石磨，默默地迸发力量，挥汗如雨，以死磕到底的韧劲，锲而不舍地与坚硬对抗。在没完没了的重复中，以强大的耐心，忍受着孤独、枯燥、噪音和反复流下的汗水。一敲一凿皆匠心。一双双灵巧的手，老茧粗糙，巧夺天工，让冷硬的石头在时间的刻度里闪耀出生命的光华。石匠孜孜不倦的劳动精神，体现了毫不妥协的决心、坚韧不拔的毅力和心如磐石的意志。石磨上的一切手工痕迹，真切地记录着石匠的创造力和一段活生生的生命历程，镌刻着时间深处的尊严和信仰，无声地讲述着不为人知的故事。这些石磨都是确凿无疑的凭证，提醒我们不要遗忘农耕岁月。因为记得，所以活着。

在所有匠人中，石匠是最古老的行当，一门源自远古的手艺，纯手工活，是历史传承时间最长最久的职业，伴随着人类从石器时代走来。现在村里已没有年轻人学石匠这门手艺了，从此再难听到叮叮当当的凿石声。新生事物层出不穷，新陈代谢无法抗拒，新旧行业迅疾更替，旧行当和老手艺将销声匿迹在日新月异的现代化进程中。匠人老去，匠心不死。随着时间的推移，石匠渐行渐远，一个个传承祖业的石匠的名字，终将湮没在历史的尘埃中，而伟大的工匠精神永存。

我和郑老师从石磨聊到了他的二女儿，夏天的妹妹郑莉。郑老师说，郑莉在广州经过出国培训，即将赴菲律宾工作两年。快到11点了，向郑老师和涂大娘告辞，我要去湖边看望夏天的妈妈。上车前，我伫立路边，再次扫望郑家沟的田畈，向阿香的稻田投去一瞥。或许下次再来这里，阿香的稻田又长满青青稻禾，在稻花飘香的空气里绽放着生命中的热爱。

我驱车刚绕过湖边最后一道弯，一眼就看见了小苹果摇摆着尾巴小跑过来迎接。停车后，我的双脚刚着地，小苹果激动地扑上来，一阵热情洋溢的表达。我没有空手而来，给小苹果带来了一袋鸡肉条。小小礼物是我慰问小苹果的一点心意。夏天的妈妈独自在家，忙着操持家务。简单的问候之后，我走到湖边看望樱桃树和李子树。李子树的叶子全掉光了，光秃秃的灰黑枝条勾勒风的行迹。清冽的湖水和对岸的青山，沉浸于冬日寂静的光阴里。

　　我穿过养猪场背后的排水沟，经过夏天妈妈一年四季俯身弓背种植和照料蔬菜的土地，沿着竹林和枇杷树夹道的阒寂无人的小路行走。脚下的纤细小径，引导我第一次走进了郑家沟和郑家沟的田畈——观察水稻的发端之路。我非常喜欢这条小路。沿着这条与世无争的小路走进郑家沟的田园是最完美的选择。春夏的路旁，长满令人着迷的植物和野生浆果，静谧而芬芳。我们曾经在路边采摘香椿嫩芽和插田泡。还有无数秘密无从知晓。眼下，小路两旁陷入了冬天的沉寂，寒冬步步迫近。无数昆虫和小动物纷纷重返这里，积极囤积粮草、累积脂肪，嘘寒问暖，彼此珍重，收敛锋芒，准备蛰伏过冬。我在小路尽头驻步，抬眼眺望郑家沟悄无声息的田野，若有所思，片刻后转身回到屋里，挥手和夏天妈妈和小苹果道别。

　　小苹果神情黯然地蹲坐在屋檐下的大门口，面朝着我离开这里的碎石土路，清澈的目光中流露出再次离别的忧伤。我开车到了拐弯处，在拐进竹林之前，从后视镜看到，小苹果依旧蹲坐原地，目不转睛地望着车尾，直到汽车完全消失在它的视线里。

　　再见，小苹果！再见，郑家沟！

2022年5月